Collection
des differentes espèces de
COQUILLAGES
qu'on trouve dans les Mers
rassemblée
&
communiquée au Public
par
George Wolfgang Knorr
à Nuremberg
Première Partie.

LES DELICES

DES YEUX ET DE L'ESPRIT,

OU

COLLECTION GENERALE

DES

DIFFERENTES ESPECES

DE

COQUILLAGES

QUE LA MER RENFERME,

COMMUNIQUEE

AU PUBLIC

PAR

GEORGE WOLFFGANG KNORR,

A

NUREMBERG.

1760.

AVANT-PROPOS.

Les Phyſiciens de nôtre Siécle font tous les efforts poſſibles pour porter l'Hiſtoire naturelle à ſa perfeſtion. On voit des témoignages publics de leur aplication infatigable dans toutes les parties de cette Science, & depuis le plus petit Vermiſſeau juſques à l'homme, qui eſt la plus noble des Créatures, tout à ſervi de Sujet à leurs recherches, et de matiére à leurs travaux. C'eſt dequoi on trouve mille preuves dans leurs ouvrages ſur tout ce qui eſt relatif à la Phyſique; car depuis le plus vil grain de pouſſiére juſques au Diamant, et depuis le plus haut Cédre du Liban juſques à l'hyſope, à qui un vieux mur ſert d'appi, il n'y a rien ſurquoi les plus grands hommes n'ayent exercé leur Sagacité, juſques là qu'on pourroit preſque ſe plaindre du trop de Livres qui ont paru ſur ces objets.

Il reſte cependant encore quelques articles de l'Hiſtoire naturelle, où nous manquons de lumiéres, qui ſemblent d'autant plus difficiles à aquerir, que l'on ne peut parvenir que par hazard à aquerir ces ſecrétes beautez de la nature, et qu'il ſe préſente des obſtacles pour y parvenir, qui ne peuvent être ſurmontez par aucun effort humain, quelque art et quelque ſoin qu'on y aporte, au lieu que dans le *Régne végétal* comme dans le *Regne animal*, et dans des Recherches qui embraſſent encore d'autres choſes, on rencontre moins de difficultez, et qu'il eſt moins impoſſible d'atteindre à des Conoiſſances aſſûrées.

Ces Créatures à la poſſeſſion des quelles on ne peut parvenir que par des accidens heureux ſont ces merveilles de la nature que la Mer renferme dans ſon ſein. Nous admirons avec plaiſir leur beauté extérieure, et les richeſſes qui brillent dans les coins que la ſage main de Dieu leur a aſſigné pour demeure; mais quand il s'agit d'examiner de plus prés leurs proprietez, leur génération, leur propagation, nous nous trouvons arrétez par des bornes qu'il ne dépend pas toûjours de nous de franchir parfaitement. Il faut nous contenter le plus ſouvent de les contempler extérieurement, ce qui ne nous empêche pas d'y rencontrer des grands ſujèts d'admiration. Telles ſont dans ces Créatures, qui en partie paroiſſent être denuées de toute force, mille merveilles, que le grand Architeſte de l'Univers y a poſées, le mélange admirable de leurs couleurs, la conſtruſtion des corps, l'ordre incomprehenſible qui y eſt attaché, et qu'il n'eſt preſque pas poſſible d'exprimer, au point qu'on ſeroit facilement tenté de ſe demander à ſoi-méme d'où vient que le Créatur, aprés avoir deployé ſur ces Creatures ſi diverſes entre elles tant de tréſors, les a comme cachez dans des lieux, où il eſt ſi difficile à l'oeil humain de pénetrer.

C'eſt dans cette partie de la Phyſique que ſelon moi nous manquons encore de ces ouvrages qui pourroient nous diriger dans nos Recherches, et nous fournir des éclairciſſemens. Il eſt vrai que dans les tems paſſez pluſieurs

Savans

Savans célèbres y ont confacré des veilles. Tels font *Geſſner, Aldrovandus, Imperatus, Bonani, Rümph, Liſter, Lang*, et d'autres. Mais leurs Ecrits font devenus très-rares, ils coûtent en partie fort cher, parce qu'ils renferment pluſieurs autres matières étrangères à nôtre objet, et en partie on ne les peut plus les procurer ni pour or ni pour argent, parcequ'on n'en trouve plus d'exemplaire dans aucune Librairie, et qu'on n'en peut avoir de rencontre que par un très - grand hazard.

Je confidérai par ces raifons comme un travail utile, & dont le Public me fauroit gré, le deffein de remédier à cet inconvenient en revoyant les meilleurs des Ouvrages dont je viens de parler, et en en faifant un Extrait rectifié d'aprés nature et enrichi de figures enluminées. Telle fut l'idée qui me determina de mettre la main à l'œuvre. Il y avoit déjà douze ans que je m'étois propofé de donner fur la même matière un Ouvrage de forme et de grandeur différente, comme je pourrois le prouver par les planches que je fis graver alors. Le tems & les Circonftances ne m'ayant pas permis de pourfuivre ce prémier deffein, j'entrepris celui-ci, mais je fus dabord convaincu en voulant prendre l'Ecrit de *Bonnani*, ou quelque autre de ceux que j'ai allèguez cy-deffus pour le Plan du mien, que je rencontrerois des difficultez incompatibles avec mes vûës. Ces Ouvrages ont beau être rares, ils n'en font pas moins défectueux & leurs figures fouvent très-hétéroclites, d'où je tirai la conféquence qu'un Ouvrage tout neuf, et dans lequel on s'attacheroit fcrupuleufement à la vérité et à la belle nature feroit beaucoup plus de plaifir aux Amateurs, que ces anciens Ecrits peu exacts rechauffez.

Voici donc du nouveau, qui n'a rien de commun avec tout ce qui a paru jusques ici fur cette matière. C'eft une des raifons qui ma porté à m'affranchir de toute gêne en le compofant. Mon but principal eft de donner au jufte en auffi grand nombre que je pourrai des repréfentations exactes de Lieux ou l'on trouve les Créatures dont il eft queftion.

Ce feroit une digreffion peu féante et très-fuperfluë, fi je m'avifois de faire ici l'éloge de mon propre Ouvrage. Le Lecteur jugera mieux par fes propres yeux, comment il mérite d'être apprecié, que par tout ce que j'en pourrois dire. On peut juger par les Tables de vûës, de l'arrangement, et de l'exécution de toute mon Entreprife. On verra que je me fuis proprement propofé de donner un Recueil complet enluminé de toutes fortes de Coquillages, ouvrage dont nous n'avons point vû le pareil dans tout ce qui a paru en ce genre. Nous remarquerons feulement en deux mots encore, pour finir cet Avant-propos, qu'une Defcription bien entendue ne doit rien renfermer de fuperflu, et rien omettre de néceffaire, et une Table exacte des matières mettra le Lecteur au fait de l'Ordre et de la quantité de toutes celles qui font contenues dans cet Ecrit.

Nuremberg, le 4 Novembr. 1756.

l'Editeur.

George Wolffgang Knorr.

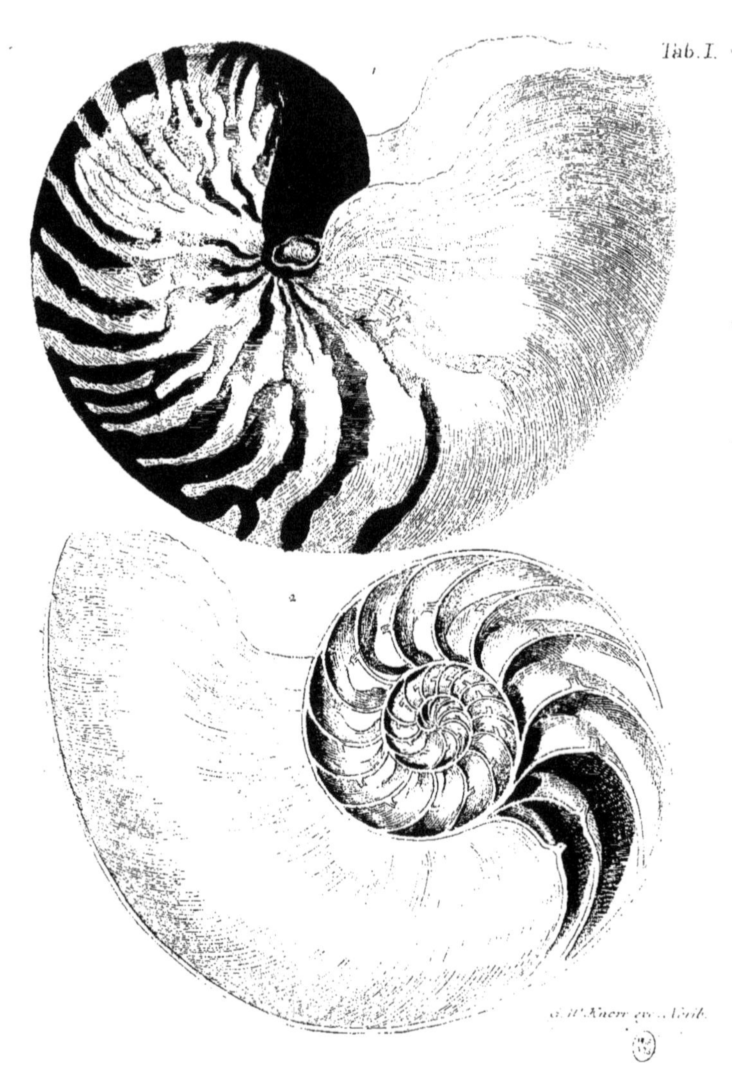

Tab. I.

DES ESCARGOTS ET DES MOULES.

PREMIERE PARTIE.

PLANCHE I.

Fig. 1.

Nous commençons ce Recueil intéreſſant par un très-bel Eſcargot, qui par ſa figure a quelque reſſemblance avec un fromage de Hollande. On a coutume de le nommer *la Caréne* (*) par le ra- *)Schiffs-Kuttel.* port qu'il a avec une Chaloupe, & parceque très-ſouvent quand l'Huitre qui s'y trouve en a pompé l'eau & allégué par là ſa maiſon, on la voit nager ſur l'eau & flotter pour ainſi dire comme un Vaiſſeau. Mr. Rumph, le Pline des Indes, en a donné un deſſein dans ſon Livre intitulé *Amboinſche Rariteit-Kamer*, Tab. XVII. A. & l'a nommé *Nautilus Major five craſſus*, & en Hollandois: *Parlemoer-Hoòrn*, c'eſt a dire, Eſcargot nacré. On n'y remarque ni en haut ni en bas aucun Contour marqué, n'étant dans l'eau vers ſon milieu que de la profondeur d'un quart de pouce. Quelques rayes ondées, quoiqu'unies, partent de ſon Centre, où l'on voit encore en petits points blancs les grains du ſel de la Mer, & tirant tout le long du dos en trois arcs comme des rayons, vont ſe réünir au Centre du côté opoſé; mais on ne peut les diſtinguer que par leur cou-leur. Ils ne ſont pas plus gros qu'un Cheveu & paroiſſent tantôt rou-ges, tantôt bleus, tantôt verds tour à tour, comme la Nacre de perle.

La couleur qui paroit le plus à la ſuperficie extérieure eſt une eſpè-ce de brun jaunâtre, relevé vers le milieu par un Luſtre qui tient de la Nacre. La Coquille eſt entourée de rayons d'un brun rougeâtre qui ſont brillans, d'ailleurs inégaux & briſez à peu près de la largeur d'un brin de paille, qui, à en juger par l'attouchement, s'elèvent par rayes de-puis la plus petite circonférence juſques à la plus grande en ſuivant la fi-gure de la Coquille juſques à ſon ouverture, où ces rayes ſe recour-bent un peu, & forment comme un bord un peu retréci.

La Couleur intérieure de cette Coquille eſt extraordinairement ma-gnifique. C'eſt une eſpéce de Narce brillante, où l'on voit éclater un bleu céleſte tirant ſur le verd clair, qui au premier mouvement ſe chan-ge en couleur de fleur de pomme, & redevient d'un bleu turquin dés-qu'il y tombe quelque ombre.

A 3   Les

Les Contours vont toûjours en s'étréciſſant, jusqu'à ce qu'ils ſe perdent dans l'embouchure cave par un tour accourci & ombré. Il eſt
vrai que *Philippe Bonannus* met cet Eſcargot au nombre de ceux qui n'ont
aucun Contour marqué; cependant cette opinion ne contredit pas pour
cela à l'opinion moderne, dés-que nous ſupoſons que cet Auteur attache
une autre idée au terme de *Turbinata*. Car nous prenons l'expreſſion:
Cochlea turbinata dans un ſens étendu, & entendons par là toutes les eſpéces d'Eſcargots dont la Coquille eſt formée en ligne ſpirale, ſoit que cette ligne tourne horiſontalement autour de ſon Centre, ſoit qu'elle aille
du bas en haut comme autour d'une Colonne, & dans ce ſens il eſt vrai
que le *Nautilus* a ſes Contours, au lieu que *Bonannus* n'admet à ce qu'il
nomme *Cochlea turbinata* que les Coquilles, qui ont leur plus grande largeur en bas, qui s'étreciſſent peu à peu proportionellement & vont a-
boutir en haut en pointe, en ſuivant toûjours leur ligne ſpirale comme
autour d'une colonne; de ſorte que depuis leur partie la plus paſſe juſqu'à leur pointe elles ne forment qu'une ſeule Chambre, & dans ce dernier ſens il faut convenir que le *Nautilus* n'a point de Contours, mais ſeulement des chambres jointes l'une à l'autre horiſontalement en ligne ſpirale, & non verticalement. La Coquille eſt de l'épaiſſeur d'un couteau
ordinaire, & la Grandeur de tout l'Eſcargot s'étend ſouvent juſques à
deux ou trois Empans. L'Animal même ſe trouve au haut de l'embouchure. Il eſt rond par l'extrêmité qui touche la prémière Chambre, mais
en bas ou à l'extremité de l'embouchure, où il rampe, il eſt plat. On
le range dans la Claſſe des *Polypes*, parce qu'il a quantité de bras de différente longueur. Sa Chair eſt en dehors cartilagineuſe, raboteuſe, ridée, de couleur brune, & tachetée de noir. On en mange. Il ſe tient
ordinairement au fond de la Mer, excepté après quelque tempéte ou
bourasque. Car alors le calme ayant ſuccédé on le voit ſouvent paroitre
ſur la ſurface de l'eau. Les plus dangereux Ennemis de cet Animal ſont
les Cancres & les Chiens de Mer, qui le trouvant ſans défenſe, c'eſt à
diré ſans couvercle le devorent frequemment, ce qui fait qu'on en trouve ſouvent la Coquille vuide ſur le rivage.

La Figure 2. repréſente très-bien le Nautilus que nous venons de
décrire, coupé par le milieu. On y voit dans ſon intérieur diſtinctè-
ment juſques à 35. Chambres. La prémière a ſon commencement ſi avant
dans l'Eſcargot, qu'on a ſouvent bien de la peine à toucher juſqu'au
bout. Son Diamétre eſt auſſi-grand qu'il le faut pour y pouvoir paſſer
un doigt. En avançant, ces chambres deviennent toûjours proportionellement plus petites & enfin ſi étroites qu'elles ſe perdent & échapent aux
yeux, qui ne voient à leur place que quelques rayes fines ou veſtiges.
Tous les fonds de ces chambres ont de très-jolies voûtes, où l'on voit
jouer avec éclat le bleu, le rougeâtre & le verd naiſſant.

Ce

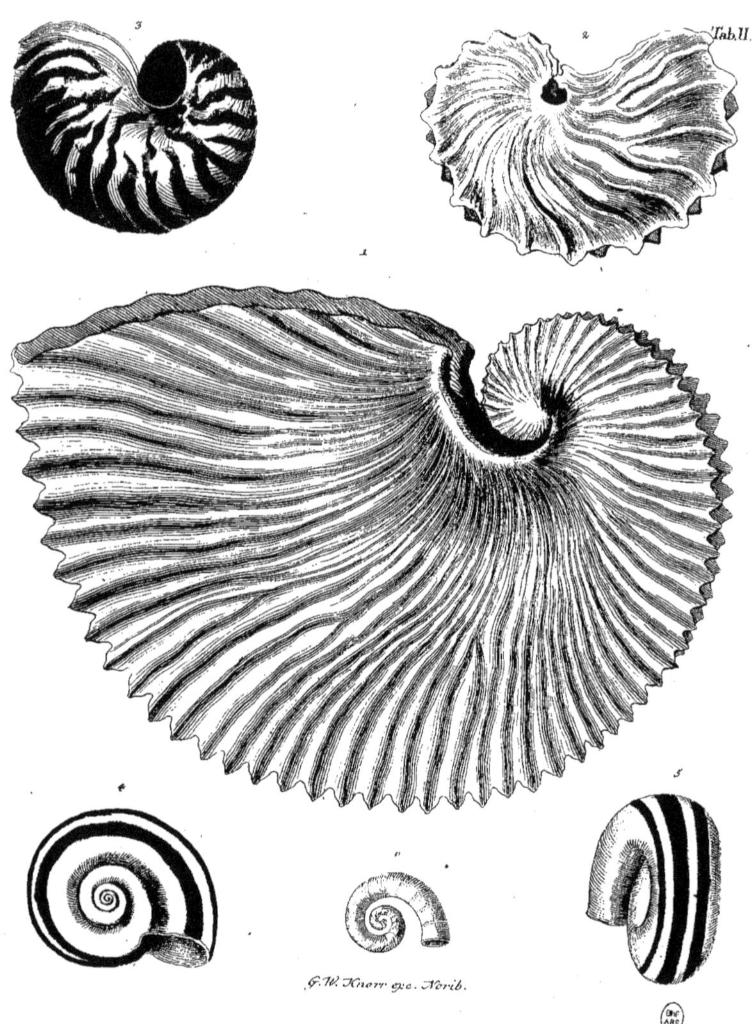

Tab.II.
G.W. Knorr exc. Norib.

Ce qu'il y a de plus remarquable c'eſt que préciſément au milieu de chaque fonds ou de chaque paroi de ces chambres il y a une petite ouverture ronde, tellement étroite dans la dernière qu'il ſeroit difficile d'y paſſer une plume de corbeau. Il pend à chacune de ces ouvertures en bas un petit tuyau, de la largeur d'un brin de paille, dont l'embouchure répond exactement à celle du tuyau qui ſuit; d'ou l'on pourroit inférer qu'ils ſervent de paſſage à l'animal, qui habite ce ſuperbe palais orné de ſi riches couleurs, pour aller d'une Chambre à l'autre jusqu'à ſa pompeuſe Antichambre, & à la grande embouchure: mais comme ces tuyaux ſont ſi étroits qu'il n'eſt pas croyable que l'Animal dont la Chair eſt ſi cartilagineuſe & raboteuſe par dehors, y puiſſe trouver paſſage; il faut croire que les Chambres ſont deſtinées à un autre uſage. RUMPH nous dit là-deſſus *qu'une certaine Veine de l'animal paſſe par ces tuyaux & traverſe toutes les chambres jusques au centre de la coquille ou à la dernière Chambre, où elle eſt attachée, & ce point eſt auſſi le ſeul où l'Animal tient à la Coquille.* Or comme la Nature ne produit rien ſans raiſon, & qu'il eſt ſur par conſequent, que tant de chambres ont un uſage, il faut préſumer que l'animal qui, comme les Vers peut aparemment ſe rendre plus gros ou plus mince ſelon qu'il s'alonge ou ſe retire, penètre par cette Veine dans l'intérieur des Chambres auſſi avant qu'il peut, & que les parties intérieures molles de ſa Chair le lui permettent, où la Veine s'enflant remplit les Chambres, ce qui ſert à l'animal ſoit à ſe tenir plus ferme dans ſa coquille, ſoit à ſe mieux cacher au fonds de l'embouchure, pour ne pas devenir ſi facilement la proye de chaque Ichtophage.

PLANCHE II.

La première Figure de cette Planche repréſente au naturel, ce Nautilus mince & rayé dont RUMPH a donné le deſſein Table XVIII. A. & qu'on appelle le *Nautilus de papier*, eû égard à la ſubtilité de ſa Coquille, qui eſt ſi mince & ſi légère que lorsqu'on en met une, même des plus grandes de cette eſpèce, ſur la main, il ſemble qu'on n'y ait rien du tout. La Couleur en eſt blancheâtre ou laiteuſe, tirant dans le dernier cas un peu ſur le verd, & aſſez ſouvent ſur un jaune blanchiſſant. Les Contours qu'il n'eſt pas poſſible de voir extérieurement, en ſont la plus petite partie. A peine ſont ils auſſi grands que la Circonférence d'un ſol marqué (*). On voit ſortir du centre des rayes elevées, qui vont un peu en ſerpentant, & qui s'étendent & s'élargiſſent à meſure quelles s'aprochent de la grande ouverture, & qui ſont terminées au bord en pointes ou dents émouſſées qui réſpondent juſtement à celles qui ſont à l'autre moitié. Quelquefois ces raies en forment d'autres vers le milieu, comme des rejettons qui par-ci par-là aboutiſſent en fourchette à deux pointes. Ces cercles ſont en dedans caves, de façon que les dents ou pointes y entrent.

(*) eines Groſchen.

Un

Un Dos plat, de la largeur d'un doigt, s'étend tout autour entre les dents des deux Coquilles depuis la grande ouverture jusques à l'Arc du Contour où il va aboutir en se retreciſſant peu à peu. Mais de ce Contour s'éléve la grande ouverture en arc rougeâtre, jusqu'à ce qu'elle soit presqu'au niveau de la surface des Contours, au lieu que l'Arc que forme la grande ouverture aux autres Nautilus s'éléve beaucoup plus haut.

L'Habitant de cette Coquille eſt un *Polype* parfait. Il eſt pourvû de huit piez ou bras, comme on voudra les nommer, tout garnis de verruës. Il étend ces bras en long & en large au deſſus de ſa coquille, dont deux joints enſemble par une pellicule fine lui ſervent de voile & il laiſſe pendre dans l'eau les deux bras les plus forts dont il fait uſage comme d'avirons, pour diriger ſon petit Bateau. Auſſi l'appelle-t-on le *petit Bâtelier*. On ne trouve pas ce Nautilus fréquemment, & il eſt encore plus rare d'en trouver un qui ne ſoit pas endommagé, vû ſon extrème fineſſe.

Figure 2. eſt une plus petite eſpéce de *Nautilus de Papier*. R u m p h l'apelle Tab. XVIII. B. *Nautilus tenuis & legitimus*, en Hollandois *Doekheuiv*, & cette eſpéce ſe diſtingue de celles, dont nous avons déja parlé, par trois endroits. En prémier lieu les Cercles s'étendent avec plus de vivacité. En ſecond lieu la grande ouverture s'éléve par un arc concave plus haut que n'eſt l'arc des Contours & s'y rejoint au milieu par une paroi recourbée. Enfin en troiſiéme lieu les pointes ou les dens des deux coquilles ne ſe répondent point l'une à l'autre par un juſte vis à vis, mais ſe trouvent arrangées de façon, que celles du côté large du bord inférieur répondent à l'entredeux des autres. D'ailleurs cette eſpéce reſſemble aux autres.

Figure 3. eſt un petit *Nautilus*, preſque ſemblable par raport à l'eſpéce, couleur, & conſtruction à celui que nous avons décrit ci-deſſus Pl. I. Fig. 1. La différence conſiſte ſeulement en ce qu'au centre des Contours il y a comme un Trou umbilical tranſparent, d'où partent les rayons blancs & d'un brun rougeâtre, formés en ondes.

La *Figure* 4. repréſenté un Eſcargot, formé à demi en aſſiette, du côté où ſes tours ſont un peu élevés, d'une façon proportionelle aux tours. On l'apelle *le Cornet de Poſtillon bandé* (*). Sa Couleur eſt blanche, & il eſt marqué tout autour de raies d'un brun rougeâtre, qui ſont de la largeur d'un tuyau de paille. La grande ouverture eſt coupée en droite ligne, comme ſi on en avoit ôté une partie des tours. Au dedans cette coquille a le luſtre de la nacre, & ſon épaiſſeur eſt proportionnée à ſa grandeur. R u m p h la range au nombre des Coquilles faites en boule (Kugel-Schnecken) & lui donne le nom de *Cochlea terreſtris*.

La *Figure* 5. eſt celle du méme Eſcargot repréſentant l'arc du dos autour duquel paſſe une large raye d'un brun rougeâtre. On y remarque auſſi les tours de la partie inférieure qui ſont auſſi concaves & comprimés de ce coté, qu'ils ſont convexes & élevez de l'autre.

Figure

(*)Orig. Das *bandirte* Poſthorn. (*Faſciatum.*)

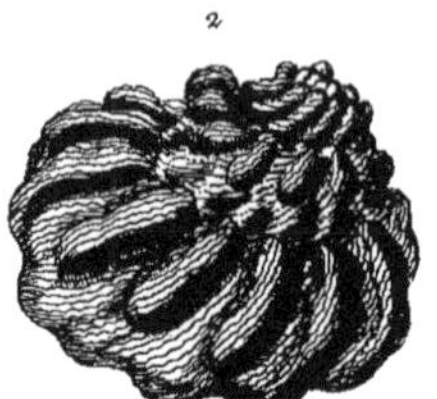

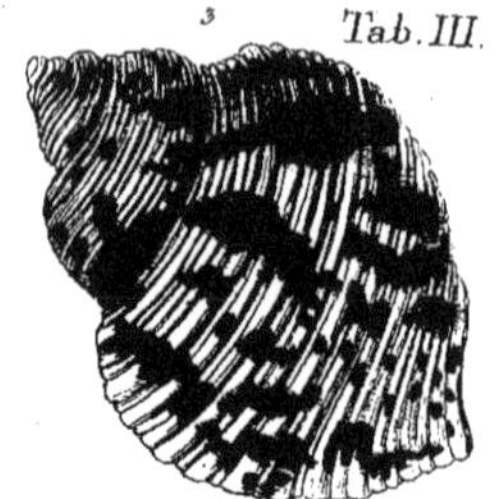
Tab. III.

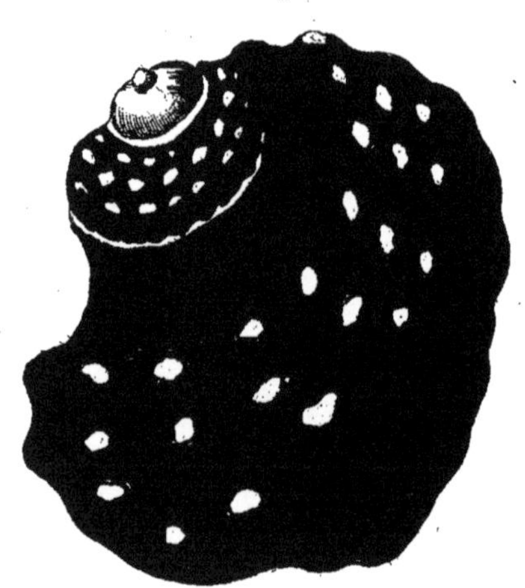

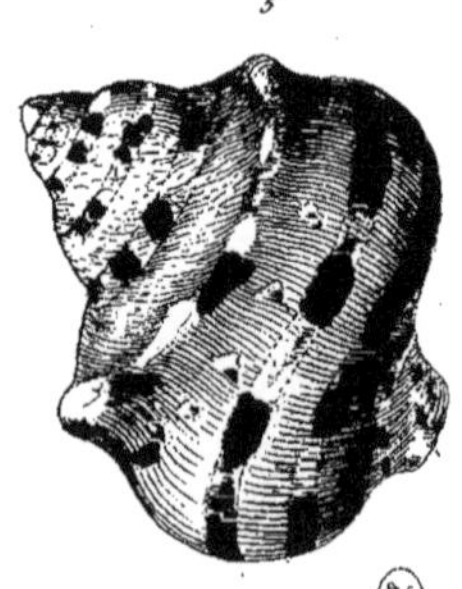

G. W. Knorr exc. Norib.

Figure 6. eſt un eſpéce d'Eſcargot qu'on devroit apeller le *petit Cornet de poſtillon.* R u m p h en donne le deſſeinTab. XX. n. I. & l' apelle *Rams - Hoornje,* ou *Corne de Belier* (*). La Couleur en eſt blanche, & la figure celle d' un Ver. Il y a le long du dos beaucoup de cercles entaillez, dont quelques uns font tout le tour, presque comme les articulations & membres du Ver de terre. Le point le plus remarquable à cet Eſcargot eſt que les tours ne font point, contigus mais écartez l'un de l'autre comme ceux du reſſort d'une montre. Ii y a intérieurement un tuyau fin dans lequel on peut à peine faire entrer la pointe d'une épingle. Le Tuyau n'eſt point au milieu de la coquille, comme au Nautilus, mais en dedans tout près de ſon bord. L'intérieur de la coquille eſt diſtribué en pluſieurs Chambres, dont les parois ont l'éclat des plus belles perles. La prémière de ces Chambres renferme un petit animal viſqueux, qui par la ſeule action de ſuccer s'attache fortement aux rochers. Mais s'il arrive qu' il ſoit arraché de là par la violence des ondes, il lui en coûte ordinairement ſa prémière Chambre, qui ſe priſe, & dont les fragmens demeurent attachez au rocher.

(*)Origin. Widder-born.

PLANCHE III.

La première *Figure* repréſente un grand Eſcargot garni de boutons, (*Knobelhorn*) qui apartient au genre de ceux, qu'on nomme *Cruches à Huile* ou *Alykruiken* (*). & a une Ouverture brillante formée en Lune. Cette embouchure eſt couverte d'un bouclier qu'on apelle *Nombril marin.* Ce bouclier tient ſi ferme que l'homme le plus fort ne peut l'arracher tant que le petit Habitant de la coquille vit, & l'attire à ſoi au moyen d'une petite membrane forte. On donne auſſi à cet Eſcargot le nom d'*Yeux de la Lune,* parceque le bouclier, qui eſt à l'embouchure, reſſemble à la Lune quand elle eſt dans ſon plein, & c'eſt peut-être la raiſon, qu'on nomme communement ces Eſcargots *Maanhoorens* ou *Cornets en Lune.* La couleur en eſt un ſuperbe brun rougeâtre, qui après & le dernier Contour tire ſur le jaune, & jette un grand éclat. Le premier Contour eſt d'une grandeur conſidérable, & ventru. Il eſt fourni de grandes boutons entoures de noir & de blanc, qui brillent de couleurs changeantes comme la nacre. Il y en a trois rangées & on compte ſouvent plus de quarante de ces belles boutons autour de cet Eſcargot. Comme la Coquille eſt double, ſavoir intérieurement de Nacre & couverte au dehors d'une peau colorée, ces boutons ne paroiſſent pas ſi brillantes, que parce qu'elles percent la peau extérieure, qui s'uſe ſur cette partie raboteuſe. Le Tour ſuivant eſt beaucoup plus petit que le prémier & rayé en longueur par des raies très-proches l'une de l'autre ſur un fond abſolument noir. On trouve encore ici quantité de ces belles boutons, dont nous venons de parler, en trois rangées, mais elles ſont plus petites & plus unies. Le derniér Contour eſt jaunâtre & voûté, & au milieu il y a une pointe obtuſe ou petit bouton. Du côté de l'embouchure le grand Contour ventru ſe retire beaucoup en trois coupures rondes.

(*) Orig. Oehl-Krüge.

B

Ce

Ce que marque la *Figure 2.* eſt un *Turban verd à cotes relevées* (*).
On lui a donné ce nom à cauſe de ſa figure, bienque la coquille intérieure a le méme éclat que la Nacre. Celle-ci apartient encore à la claſſe
des *Coquilles à bouche ronde*, quoiqu'elle reſſemble aſſez aux Eſcargots,
dont l'Embouchure eſt en demi-Lune. Quelques Coquilles de cette eſpèce ont l'entrée jaunâtre.

(*) grün-
gerippt.

On remarque diſtinctément a cet Eſcargot trois Contours, qui ont tous
trois des côtes élevées, qui vont du haut en bas. Quand on a l'ouverture devant les yeux ces Contours vont de la droite à la gauche. Leur
couleur eſt verte comme l'herbe, à travers de quoi perce un brillant pareil à celui de la nacre.

Figure 3. C'eſt ce qu'on apelle *la bouche d'argent* en Hollandois: *Zil-
vermond.* Cette coquille a des cercles profondément entaillez, & eſt d'un
verd de pluſieurs nuances. On la range dans la Claſſe des *Cornets en Lune* (*).
(RUMPH, Tab. XIX. 3). Les Cercles en ſont de largeur inégale, & à méſure qu'ils ſont plus larges, ils ſont auſſi plus profonds. Les taches dont
elle eſt parſemée ſans ordre ſont d'un brun foncé. La Coquille en eſt
épaiſſe, & a l'éclat de la Nacre.

(*) Mond-
boerner.

Figure 4. eſt auſſi un *Cornet en Lune*, mais en Hollande on la nomme
Naſſauwer. La Coquille en eſt unie & mince. La Nature a tracé ſur
ſon Contour ventru une eſpéce de deſſein géographique; car on y voit
des lignes noires fines comme un cheveu, qui partant de l'extrémité ſupérieure vont ſe réunir à l'extrémité inférieure, & ont entre elles au milieu un eſpace un peu plus large, qui ſemble avoir été compaſſé, telles
que ſont marquées les Lignes polaires ſur un Mappemonde. Des bandes
blanchâtres tachetées de noir vont en travers comme la Ligne méridienne
ſur les globes. Le reſte de la Couleur eſt un jaune, ſur lequel ſont diſ-
perſées des taches brunes commé des petites Iles.

La Figure 5. repréſente encore un *Cornet en Lune*, que l'on met en
Hollande comme toutes les Eſcargots de cette Structure dans la Claſſe des
Alykruyken & Slakhoorns. Sa Couleur eſt d'un Verd de mer. Le Contour
de la Coquille eſt marqué d'une bande élevée & ondée de pluſieurs couleurs, qui ſemble ſortir de la pointe ſupérieure, & qui fait, à diſtances inégales jusques à trois bandes ſur chaque contour, ſe terminant là où commence l'embouchure, ou au bord avancé de la coquille. Quelques uns
de cette eſpéce d'eſcargots ont à côté de l'embouchure encore un petit
trou fait en nombril, qui pénètre en droite ligne jusques à la pointe ce qui
leur fait donner le nom d'Eſcargot umbiliqué. La Couleur intérieure en
eſt argentine, ou telle que la nacre jaunâtre. On mange les Limaçons de
tous ces Escargots.

PLANCHE IV.

La prémière *Figure* eſt une *Coquille à rayons* ou *Strahlen - Muſchel*,
qu'on nomme en Hollandois: *Mantel* ou *Mantel-Schulp.* Elle apartient à
celles qu'on apelle *Pectines tenues*, & n'a pas, par cette raiſon une char-
niere

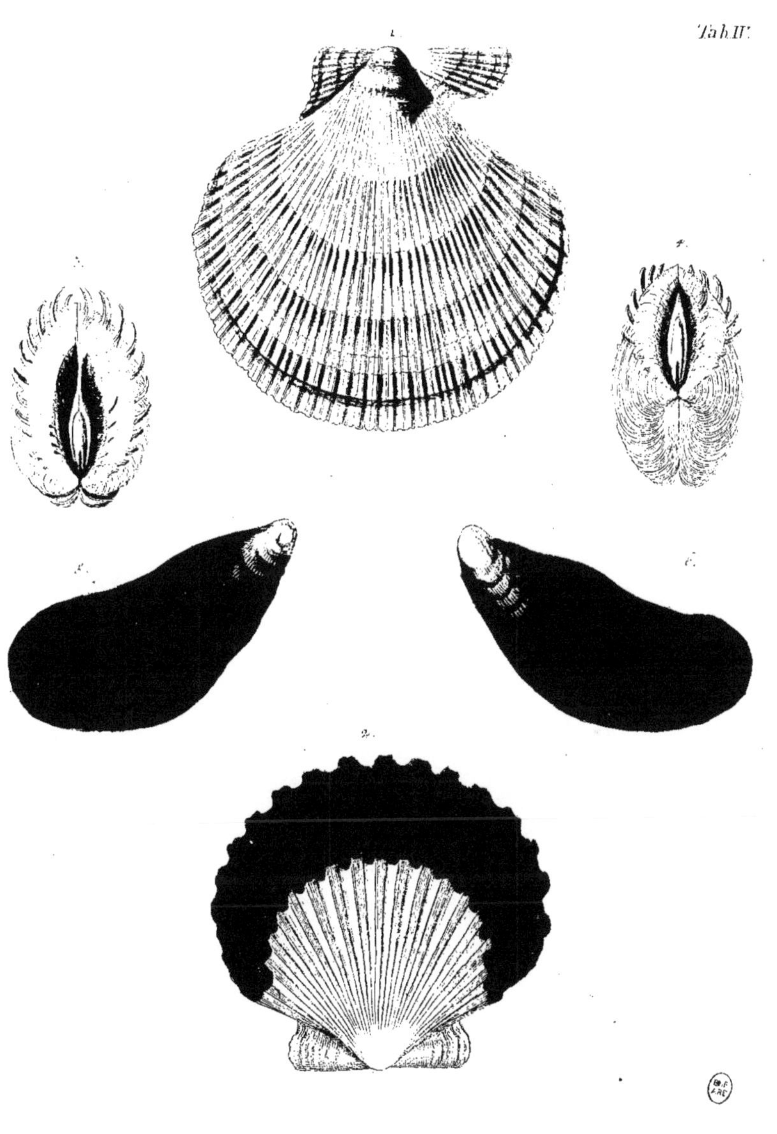

niere creufe comme les autres. Les oreilles en font inégales & repofent
tout plat l'une fur l'autre contre les deux coquilles. Elles tiennent l'une à
l'autre par une petite membrane. La plus grande des deux oreilles eft tantôt
d'un coté, tantôt de l'autre, la coquille presque transparente, le dedans en eft
blanc, & le dehors femblable à un Cadran folaire. On lui donne affez com-
munèment le nom de *Manteau bigarre* (*). Elle eft traverfée par des demi-
cercles, où fa belle couleur jaune fe perd un peu, & tombe du blanc dans le
rougeâtre, ce qu'on ne voit jamais plus diftinctement que quand on l'examine
bien au grand jour ou en la regardant contre la lumière. Les Rayons dont elle
eft marquée font fort fins, & peu élevez, ce qui fait que les rayes des in-
tervalles ne font point profondes. Les Couvercles de ces coquilles font
moins ventrus, & ont les mémes rayons, qui fe joignent fi bien & avec tant
d'art à la courbure qu'il n'en peut pas fortir la moindre goute d'eau. La
Couleur en eft diverfe, & ne doit étre regardée que comme un jeu de la
nature. Les plus rares de cette efpéce font les jaunes, les rouges & celles qui dans leur bigarrure ont le deffein le plus regulier.

La Figure 2. eft une Coquille *à rayons* à oreilles égales, de l'efpéce de
celles qu'on nomme *Coquilles de St. Jaques.* Depuis le haut jusques au milieu fa couleur eft blanchâtre, de là en bas le refte en brun. Les raions
font plats par le haut & affez larges, & les raies, qui forment les interval-
les des rayons, font garnies tout du long d'écailles en arc, qui repofent
l'une fur l'autre par les extrèmitez, & forment autant de pétites chambres
où l'on peut mettre la téte d'une épingle, quand on tient la coquille en ligne perpendiculaire comme elle eft repréfentée ici fur la planche. Elle eft
mince, mais ni auffi transparente ni auffi brillante que la précédente, &
ni pas auffi légére, que les autres *Coquilles à rayons*, c'eft qu'on les apelle
quelques fois *Coquilles volantes*, parce qu'on a obfervé qu'elles font de tems
en tems un faut hors de l'eau, comme fi elles voloient.

Figure 3. La véritable *Coquille de Venus* ou *Venus - Kous - Doublet*,
(Voyez R u m p h, Tab. XLVIII.) qui eft trés-diftinctément depeinte ici & dans
la Figure qui fuit, eft d'une Structure extraordinairement particulière. On la
met au rang des *Coquilles en coeur*, (*). cependant elle diffère beaucoup des au-
res coquilles formées *en coeur* en ce que le bec, ou la partie où les deux coquilles fe réuniffent a d'un côté une courbure, de forte que les coquilles
paroiffent en biais oblique, & qu'outre cela l'un des cótez eft beaucoup
plus ventru que l'autre. Ainfi les deux coquilles fe joignent d'un coté
tout-à-plat avec trés-peu d'elévation, au lieu que l'autre côté eft trés-ven-
tru & fe recourbe de fi près que cela forme une figure lenticulaire garnie de pointes comme on la voit fur la Planche. Pour cela on la nomme communement *la Coquille de Venus avec des Grains.* Ces pointes, ou
aiguillons font comme des Continuations des Cercles fubtils & élevez, qui
en forme d'arc font en travers le tour de la Coquille. Les Cercles font
diftans l'un de l'autre de l'épaiffeur d'un couteau, & il y en a quelquefois
deux qui fortent de la méme pointe. Il y a proprement à chaque coté

B 2

deux

(*) Origin. Bunte Mantel.

(*) Herz-Muschel.

rangées de pareilles pointes. Celles de la rangée extérieure font les plus longues, & très-fouvent celles de l'autre rangée ne confiftent qu'en quelques petits moignons. Il eft rare qu'il ne manque aucune de ces pointes. Entre les rangées intérieures on voit un rond de forme ovale, couleur de chair, plus large d'un bout que de l'autre. On voit encore au milieu de cet Ovale vers le bec une ouverture oblongue, qui eft garnie ou dehors de Levres ou de babines & cette ouverture eft fermée par une petite membrane. La Conformation particulière de cettte Coquille a fourni l'occafion de l'apeller auffi *Coquille-Mère.*

La Figure 4. repréfente la même coquille un peu relévée, pour qu'on puiffe en voir le bec, autour duquel les cercles viennent aboutir, par une Courbure raccourcie. On aperçoit immédiatement au deffous une foffette enfoncée en forme de coeur, & rougeâtre. Quand on tourne cette foffette du coté de l'oeil, & qu'on obferve les cercles fous ce point de vuë, la Coquille paroit blanchâtre avec des rayes d'un rouge pâle contre les cercles, mais en la confidérant dans le fens opofé, ce rouge paroit beaucoup plus chargé.

Au dedans les coquilles font blanches, & ont foit au bec, foit au deffous à la foffette, qui eft formée en cœur, de petites dents fines qui fe joignent & tiennent par là les coquilles l'une à l'autre, qu'on peut ouvrir & fermer, comme une tabatière dont le Couvercle eft bien jufte.

Fig. 5. apartient à la Claffe des Coquilles qu'on apelle proprement *Moules,* en Hollandois *Moffelen,* ou en Latin *Mytulus* (*). La Coquille n'en eft pas fort épaiffe, mais elle le devient du coté pointu où elle fe ferme, & à la courbure elle a jusques à l'épaiffeur d'un écu. Les deux coquilles font auffi ventruës l'une que l'autre, & quand elles font jointes elles font larges à un bout & étroites à l'autre. Un bord plat les termine qui forme au bas un arc oblong. Elles font doublées d'une peau couleur de Nacre, & on y trouve quelquesfois des perles de la groffeur d'une téte d'épingle. Au dehors elles font d'un Violet, & marquées de rayes blanchâtres qu'on y voit depuis le bec jusques à l'autre extrémité, avec quelques bandes en travers qu'on ne remarque jamais mieux qu'en les obfervant à quelque lumieré.

La Coquille Fig. 6. apartient à la précedente & les deux enfemble forment la *Moule* complette. Ici l'on peut bien obferver les bandes dont nous venons de parler, parce que la Surface eft plus unie. La Couleur fe perd du coté du bec qui eft toujours fourré dans le fable qui l'ufe. Au refte ces Coquilles font trés-polies, & ont le brillant d'un miroir, quand on en a ôté la prémière peau rude. Prés de la fermeture fe trouve ordinairement une touffe, qui reffemble à de la mouffe ou à de l'herbe menuë. On nomme cela la *barbe.* Au fonds ce n'eft qu'une quantité trés-grande de Fibrilles qui croiffent du dedans, & qui fervent à l'animalcule pour s'attacher fortement aux rochers.

PLAN-

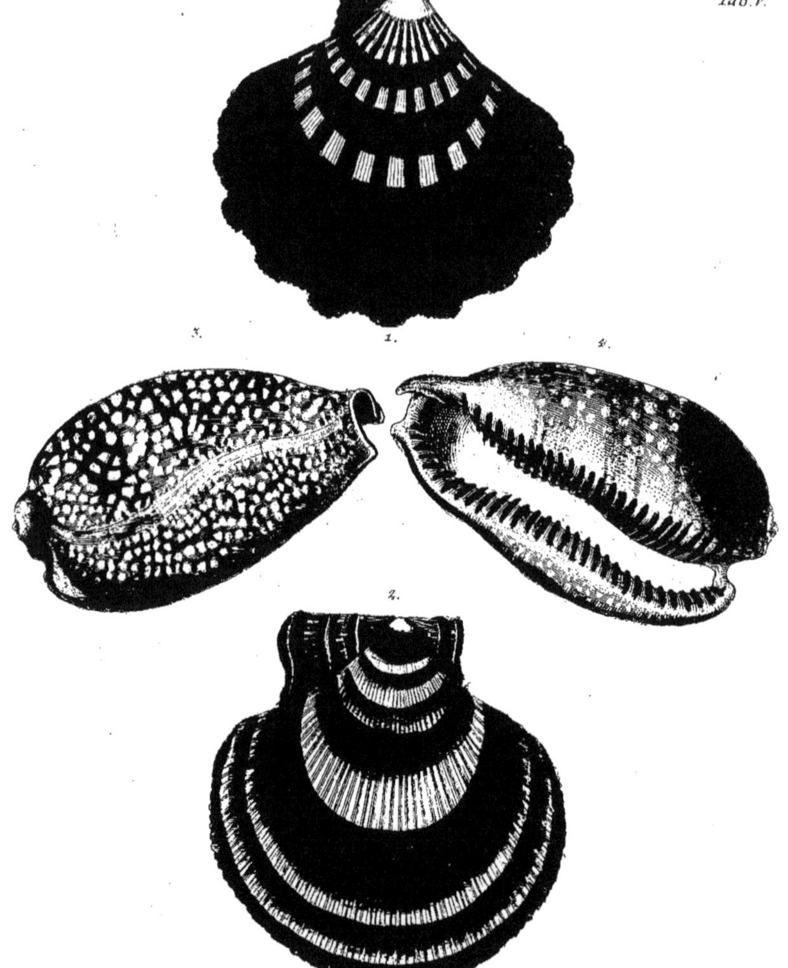

PLANCHE V.

F*ig. 1.* Cette Coquille *à rayons* tient un rang confiderable entre celles auxquelles, vû la beauté de la Couleur, on a donné le nom de *Monteau royal.* On l'apelle auffi *Doublet de Corail*, à caufe qu'on trouve fouvent fur fa partie extérieure des élévations où petites boffes dont la couleur le difpute au plus beau corail. Elle n'a qu'une oreille. Son Epaiffeur eft médiocre, & elle eft un peu ventruë. Au dehors depuis le bord jusques au delà de la moitié elle eft d'un rouge de corail très-beau, auquel fuccède d'abord une bande blanche, puis une large, enfuite une autre d'un rouge de Sang, après une jaunâtre, fuivie d'une dont le rouge eft pâle, & elle finit par des bandes jaunes. Vers le bec elle eft tout à fait jaunâtre. C'eft de là que partent une très-grande quantité de rayons fins, qui font tous entaillez, & qui femblent tenir les uns aux autres par des rayes ou lignes extraordinairement fines ondées, qui vont en travers & font très-proches lès unes des autres. Ces rayons ne font élevez que de l'epaiffeur d'un fil, & c'eft dans les entaillûres qui les feparent qu'on obferve ces lignes qui les traverfent avec tant d'ordre & de netteté. Six ou fept dè ces rayons de fuite font fort elèvez & courbez en dehors ; il y en a autant qui font courbez en dedans, & ce mélange forme jusques à douze groffes côtes fur le deffus de la Coquille. Chaque côte a au bas deux fortes élèvations ou boffes & une toute petite vers le milieu. Le dedans paroit à la vuë comme un velours gris-blanc. Le bord eft garni de rouge, & le Couvercle, ou l'autre coquille d'un rouge plus foncé & fans aucunes boffes.

La Figure 2. Peinte ici exaĉtement d'après nature, repréfente une de ces Coquilles à rayons, aux quelles on donne le nom de *Quadran Solaire*, parceque les rayes & lignes dont elle eft marquée tout autour reffemblent affez à celles qu'on voit fur un Quadran. Elle apartient en general à ceux, qu'on nomme *Manteaux bigarrées*, ou *Bonte Mantels*, comme celle de la Fig. I. de la Pl. IV., fa coquille eft mince & fubtile, & forme la partie fupèrieure ou le Couvercle. Elle eft platte & presque concave au lieu que l'inferieure eft un peu convexe ou ventruë. Cette dernière eft auffi de diverfes couleurs rouges, decorée de plufieurs rayes, qui cependant ne font pas auffi régulièrement marquées que celles du Couvercle.

Les rayes qui vont du bec aux bords font blanchâtres & noires, & les bandes qui les traverfent noires, brunes, rouges, & jaunes. Toutes ces Couleurs font très-vives, & ont un grand éclat quand on les obferve à la lumière. En gènèral cette Coquille eft d'une beauté qu'il eft plus facile d'admirer que de décrire.

En regardant le dedans elle paroit doublée d'un Velours blanchâtre avec un rebord qui tire fur le rouge. On peut l'apeller la *Coquille-Bouffole* à caufe du raport de ces Lignes avec celles d'une Bouffole, mais ce n'eft point celle à laquelle on donne communement le nom de *Doublet de la Bouffole*, ou *Compas-Doublet*.

La

La Figure 3. eſt une *Porcelaine.* En Hollande on donne à toutes les Coquilles de cette eſpèce le nom de *Kliphoorns* ou *Klipkouſſen* à cauſe des rochers auxquels l'animal qui l'habite s'attache. La Couleur en eſt un
brun-clair qui n'a guéres de luſtre. Elle eſt un peu ventruë en haut à
l'endroit des Contours. On y remarque à la ſurface ſupérieure une raye
aſſez large qui va en ſerpentant d'un bout à l'autre jusques aux embou-
chûres. Toute la Coquille eſt parſemée de taches blanchâtres de figure
à demi-ronde, comme de petites goutes d'eau, & a en travers trois bandes pâles de couleur fauve, qui en font tout le tour jusques à l'embouchure & au travers desquelles on aperçoit diſtinctement les taches rondes, ce qui fait ranger cette Coquille au nombre de celles qu'on nomme
Argus à bandes, quoique le véritable *Argus* ait un brillant beaucoup plus
beau & que ſes yeux ſoient tous d'un blanc de neige ayans pour la plûpart
deux à trois cercles.

Figure 4. eſt le même Coquillage ou Eſcargot tournée qu'on voit du
coté inférieur. Son Ouverture mérite d'être particulièrement obſervée.
Elle va du haut en bas tout du long de la coquille, tirant un peu du coté
droit, parce la plus grande moitié de la Coquille contient les Contours du
coté gauche. Ces Contours inviſibles au dehors font trois, ou tout au plus
quatre, dont le premier eſt ſi grand qu'il occupe la plus grande partie de
la Coquille, au lieu que le dernier eſt preſque imperceptible. L'intérieur
de la Coquille eſt blanchâtre, & ſes Lèvres ou babines font dentées de façon qu'on y aperçoit jusques à trente petits cercles élèvez & quelquefois
davantage, qui font bruns de couleur & luiſans. Il eſt à remarquer que ces
petits cercles élèvez, que nous nommons des dents, ont beaucoup plus de
groſſeur du côté étroit, où les Contours ne font pas, qu'à l'autre, car du
côté ventru ils font plus ſerrez & avancent davantage dans la Coquille, étant
plus plats & plus fins.

PLANCHE VI.

Figure 1. Les noms dont on ſe ſert pour diſtinguer les différentes
eſpèces de Coquilles & de Moules ne font pas les effets d'une ſimple Fan-
taiſe. La conformation, les couleurs, les nuances, ou les taches & d'autres
proprietés, ont déterminé les amateurs du tems paſſé, pour donner à
telle ou telle coquille plûtôt un nom qu'un autre. Mais comme les im-
preſſions de l'imagination diffèrent, ſelon que ſes opérations font plus vives chez un homme que chez l'autre, les dénominations ſe trouvent
quelquefois peu convenables au ſujèt. Celle qu'on a donné au Coquilles dont la claſſe eſt connuë ſous le nom latin de *ſtrombi*, en françois
Vis ou *Aiguille*, en Hollandois *Pennen* ou *Schrœfhoorens*, eſt peut-être
une des plus heureuſes, & qui ſe préſente d'abord à l'Eſprit. De même
en voyant cette Coquille chacun conviendra qu'elle reſſemble à une
Couronne Papale & c'eſt auſſi le nom qu'on lui a affecté.

Nous

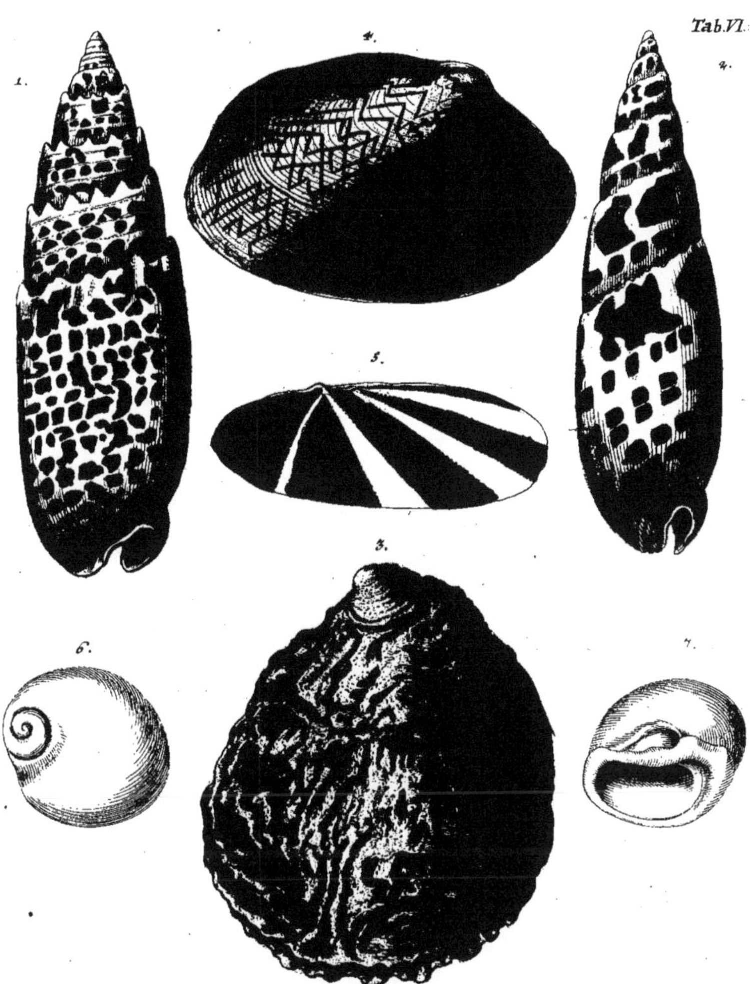

Tab.VI.
1.
2.
3.
4.
5.
6.
7.

Nous remarquons dabord que toutes les Coquilles de cette espèce font oblongues fans être beaucoup ventruës. Le premier Contour eſt plus long que tous les autres, & a ſon embouchure longue & étroite toujours du coté droit. RUMPH met cependant cet Eſcargot au nombre des *Buccina* ou *Coquilles Sabotes* (*).

Ce qui diſtingue cette Couronne papale des autres, c'eſt que c'eſt la plus belle de cette espèce. Elle eſt marquée de taches d'un rouge foncé ſur un fond blanc, & a des lignes traverſantes un peu entaillées, & toutes garnies de petits trous qui ſemblent avoir été faits l'un contre l'autre avec la pointe d'une épingle. Lorsque la Coquille eſt grande & a atteint ſon Crû parfait on voit ces Lignes plus diſtinctement au Contour ſupèrieur qu'à l'inférieur. Le bord des Contours, qui eſt épais comme le dos d'un couteau, eſt garni tout autour de dents ou pointes obtuſes qui en font le tour, & donnent à cette Coquille l'air d'une Couronne, ce qui a déterminé à lui en donner le nom, & comme ſes Contours forment pluſieurs tous l'un au deſſus de l'autre, on l'a apellée *la Couronne Papale*. La moindre eſpèce de cette ſorte de coquilles a des taches d'un rouge pâle ſur un fond jaunâtre.

Figure 2. Eſt une Eguille dont la coquille eſt fort épaiſſe & péſante: ſon fond eſt blanc & brillant. Tous les Contours en ſont marquetez d'un double rang de taches quarrées dont la Couleur eſt un beau rouge-clair. La Ligne inférieure de ces doubles rangs a des taches quarrées un peu plus grandes que les autres, & la Ligne ſupèrieure de chaque rang marqueté a le plus ſouvent des taches quarrées oblongues, qui ſont à la verité de la même largeur que celles qui ſe trouvent au deſſous, mais elles n'ont pas la même longueur. Au plus haut du prémier Contour on voit un rang de taches grandes & larges, placées irréguliérement & ce rang fait le tour de tous les Contours, & prend par cette raiſon la place deſtinée aux autres rangs marquetez avec regularité.

Ces Eguilles ſont un peu plus ventrues que les Couronnes Papales, ce qui provient de ce que les bords des Contours ne ſont pas auſſi larges que ceux des dernieres. Ils ſont au contraire un peu courbez en dedans, & tellement joints au plus prochain Contour ſupèrieur & plus etroit, qu'ils paroiſſent y être comme entaillez, & comme leurs bords n'ont ni dents, ni couronne, on apelle cette Coquille *la Mitre Epiſcopale* (*). Cette Coquille eſt blanche en dedans comme la Couronne papale décrite cy-deſſus, mais on aperçoit les taches rouges au travers de la Coquille vers l'embouchure, en la tenant contre la lumiere du jour.

Il eſt à remarquer, que l'Animal qui habite cette Coquille, & celui qu'on trouve dans la précedente, ſont trés dangereux, parceque la Nature les a douez prés-de l'embouchure d'un petit os pointu, qui tient à leur chair, avec lequel ils piquent & communiquent leur venin, dont le bleſſé meurt. Si par hazard on en mange la chair ſimplement bouillie, on court le risque d'un étouffement mortel. Cependant le commun Peuple de l'Isle de *Ceram* les mangent rôtis, & alors ils ne font aucun mal.

Fig.

Figure 3. Apartient à la Claſſe des Coquilles d'Huitre, dont la Conformation eſt irréguliére, & nommément à l'eſpèce qu'on nomme *Huitres pierreiſes,*
mais c'eſt effectivement la moitié d'un *Traquet de Lazara,* nommé en
Hollandois : *Lazarus-Klap,* & bien des Indes orientales. On les trouve
ordinairement au fond de la mer dans le ſable, ou fortement attachées aux
rochers. Les élevations de la Coquille ſont très-inégales, elle eſt pleine
de petites boſſes, & a des écailles. On y voit par fois des anneaux, mais
pas toujours. La Couleur en eſt rouge-brune, & jaunâtre. Elle a au dedans l'éclat de la nacre. Le bec en eſt un peu tourné en biais d'un
coté, & a ſept ou huit rides. On voit au deſſous une coupûre, & on
en obſerve trois pareilles à l'un des côtéz, qui quelquefois ſont le tour
de l'Huitre entière. Le bord inférieur eſt très-inégal, & preſque dentelé.
L'autre Coquille eſt beaucoup plus petite, & aſſez plate, au lieu que celle
ci eſt ventrue; la prémière a des écailles ſerrées les unes ſur les autres, &
irréguliérement poſeés. La couleur de celle-ci n'eſt pas d'un brun jaunatre
comme à l'autre, mais griſe, fauve, & noirâtre. Ces deux Coquilles ſont
fort épaiſſes & préſantes.

Figure 4. Cette Coquille eſt toute particuliére. Les Hollandois l'apellent
Letter-Schlup, (Rumph, Tab. XLIII. B.) ou la *Coquille à Lettres* ( ). Elle
apartient à celles dont les côtez ſont inégaux & d'une forme d'aſſiette.
Celles ci ſont un peu plus ventrue sque les *Coquilles en aſſiette* (') proprement
ainſi dites, mais elles n'ont pas autant d'épaiſſeur. Leur Couleur eſt au
dehors d'un gris-jaunâtre, à la côté un peu plus jaunâtre, & tirant quelque
fois ſur le brun. Au dedans c'eſt comme un Ivoire frotté avec de l'huile.
Sur les deux Coquilles il y a en travers quantité de Lignes entaillées à diſtance égale qu'on peut diſtinguer par l'attouchement.

(*) Buch-
ſtaben-
Muſchel.
(') Tell-
Muſchel.

Ce qui donne à cette coquille un prix particulier, ce ſont quantité de
rayes d'un brun fonce, & dentelées qui ſont diſtribuées ſans ordre ſur les
deux Coquilles & ont pour la plûpart la figure d'un W. quoique quelques
unes ne forment qu'un ſeul angle, & d'autres un *u,* un *m,* ou un *n* tel qu'on
écrit ces Lettres en allemand u, n ou m. Ces coquilles ſont ſi minces qu'on peut
voir les rayes brunes à travers, quand on les regarde contre la lumière.

Figure 5. Les *Coquilles en aſſiette cotez inégaux,* j'entens par là celles dont
l'une dépaſſe l'autre, laquelle depuis l'endroit où elles ſont jointes jusques
au bord opoſé, eſt par tout auſſi étroite que le coté le plus court, ſont toutes belles à voir, particuliérement celles qu'on nomme *Rayons du Soleil.*
Celle qu'on voit ſur cette Planche VI. Fig. 5. eſt une de ces Coquilles bleuës
à rayons, & eſt très-belle.

On apelle cette Coquille *Rayon du Soleil* parce qu'elle repréſente très-bien
ces rayons que le ſoleil couchant darde vers le Firmament bleu, à travers
des nuës, & qui s'élargiſſent à méſure qu'ils s'eloignent du Soleil.

Cette Coquille a auſſi quantité de bandes traverſantes, qui ſont non ſeulement d'un bleu plus foncé que le reſte, mais qui ſont auſſi ridées, de ſorte qu'on peut diſtinguer leurs coupures par l'attouchement, ce qui n'empéche pas que d'ailleurs la coquille ne ſoit tres unie, & n'ait un éclat incomparable.

Figure

Tab. VII.
2
3
4
1
5
6
7

G. W. Knorr exc. Norib.

Figure 6. Ce Coquillage eſt de la Claſſe de ceux, qu'on nomme *Lima-çons à bouche demironde,* ou en forme de la Lune croiſſante, communement *Nerites,* dont on a formé le nom allemand de *Schwimm-Schnecken,* c'eſt à dire *Limaçons nageants.* Sa figure eſt fort tirée en biais, ce qui la fait paroitre comme ſi elle étoit formée de travers. Le prémier Contour prend preſque tout l'Eſcargot. Les autres ſont trés-petits, & ne paroiſſent qu'un peu ſur le côté. La Coquille en eſt unie, de l'épaiſſeur de la Lame d'un couteau, & parfaitement blanche. Quand on l'examine contre la lumiére, on y aperçoit quelques rayes traverſantes. Les petits Contours ont intérieurement une trace obſcure, laquelle n'eſt point transparente.

La Figure 7. repréſente la méme Coquille tournée du côté opoſé & alors on voit l'ouverture formée en demi-Lune & entourée d'un bourrelet épais. Immédiatement au deſſus paroit une élévation épaiſſe, & d'abord aprés une cavité qui reſſemble aſſez á un trou umbilical, & pour cela on les nomme *Umbiliqués.* Du reſte la beauté, & la Couleur intérieure, reſſemblent tout à fait à l'extèrieure.

PLANCHE VII.

La prémière Figure préſente une *Huitre pierreuſe,* à laquelle on donne divers noms, tels que *Crecerelle de Lazare, Manteau de Lazare, Manteau de Mandiant, ou Sabot d'âne* (b). Il y a dans cette Coquille tant du rare, qu'on ne peut ſe diſpenſer d'admirer ſa ſtructure. La partie inférieure & ventruë eſt inégale, toute pleine de petites boſſes, diſtribuées ſans ordre, & ſa Surface eſt garnie par tout d'écailles qui vont en biais & ſont ſerrées l'une ſur l'autre, au lieu que la Coquille ſupérieure repréſentée ici eſt platte, & a des pointes aiguës formées en biais dont l'une dépaſſe l'autre, placées ſans ordre, comme les poils d'un Heriſſon. Entre ces pointes on voit des lignes qui vont en ſerpentant depuis la fermeture juſques à la Circonférence. La Coquille inférieure, dont on a vu le deſſein d'une autre couleur ſur la Pl. VI. eſt tout à fait blanche; on voit pourtant parci par-là entre les écailles un peu du gris-cendré, du verdâtre & du bleu. La Coquille ſupérieure ici depeinte eſt rouge comme du ſang. Intérieurement elles ſont blanches toutes les deux. La Nature a employé beaucoup d'art à la Charniére, où elle à placé trois foſſettes dans la coquille inférieure, & a donné à la ſupérieure trois crocs courbez, qui s'emboitent dans les foſſettes. Entre deux il y a un nerf noir trés-fort, qui s'étend comme un cuir. Au moyen de cette fermeture ſi artiſtement conformée, la Coquille ſupérieure ſe joint auſſi juſte à l'inférieure qu'un couvercle de tabatiére à ſa boëte & s'ouvre de méme. De plus, cette Charniére tient ſi ferme, que les Coquilles ne ſe ſeparent point, quand on tient l'inferieure dans la main, & ainſi etants remuës violemment, rendent elles un certain ſon, qui a le nom de *Claquet* ou de *Traquet de Lazare;* en les comparant aux *Crecerelles,* dont ſe ſervent des Mendians muets pour étre entendus. On a diverſes eſpèces de ces Traquets de Lazare, dont celles qui ont des pointes, & que RUMPH apelle *Oſtrea echinata,* ſont plus rares.

(b)**Lazarus**-Klappe, Lazarus-Mantel, Bettlers-Mantel, Eſels-Hufe.

C

Figure

Figure 2. Il y a une efpèce de Nerites qui font prefque ronds. On les apelle *Efcargots en boule* (a). Cette Figure en repréfente un des plus beaux. Celui-ci a l'embouchure un peu tirée en biais, & la babine relevée en haut les Contours ne paroiffent qu'un peu au deffus, font fort petits, & fe forment en globe. La Coquille n'eft pas fort épaiffe. Elle eft de couleur jaunâtre, fur laquelle on voit des taches jaunes tirantes en brun, & des bandes qui vont en ferpentant, mais fans ordre. Quelquefois cette Coquille a moins de brun & plus de jaune, & alors on l'apelle l'*Efcargot-Citron*, mais communement on la nomme *jaune d'Oeuf*.

(a)Kugel-Schne-cken.

Figure 3. Les Amateurs ont contume de donner aux Efcargots qu'ils eftiment le plus des noms pompeux & diftinguez. Ainfi l'on en trouve qu'on apelle *Amiral, Vice-Amiral,* ou *Amiral-bâtard,* qui apartiennent tous à l'efpèce des *Efcargots formez en Cone.* (b) On leur donne ce nom parce qu'ils ont effectivement la figure d'un Cone, & comme ils reffemblent auffi à un Cornet de papier, on les apelle en François *Cornets* ou *Volutes,* en Hollandois *Tooten,* dont nous avons derrivé le nom allemand : *Tutten.* On leur donne encore d'autres noms diftinctifs, felon que ces Cornets diffèrent entre eux. L'Efcargot repréfenté ici eft un *Efcargot en Cone,* & a une longue embouchure qui va du haut jufques au bas. Il reffemble bien en quelque forte aux Amiraux en ce que la Coquille eft entourrée d'une large bande de couleur, comme on en voit aux flammes, pavillons ou banderolles du Vaiffeau Amiral en Hollande, mais fon nom diftinctif lui eft venu des Raies flamboyantes, qu'on y voit tout le long. Pour cela on le nomme en François la *Flamboyante* (c). Le fond en eft blanc, & fort brillant. La bande en eft brune, marquée de lignes très-fines, & on voit beaucoup de ces Cornets, dont la Coquille eft entourée de deux bandes. La Couleur des flammes eft un brun foncé ou jaune. Il a fept ou huit Contours, qui aboutiffent enfin en pointe. Cette Coquille eft tout-à-fait belle à voir. Quelques uns la nomment *Couffin à faire de dentelles* (d). Je ne fuis pas de leur avis, & j'aimerois mieux l'apeller *le petit Chat tacheté.*

(b)Kegel-Schne-cken.

(c) ban-dirte, oder flammig-te Tutte.

(d)Klöp-pel-Küf-fen.

Figure 4. L'*Efcargot tigré,* l'*Efcargot marbré* ou *le Cornet des Cœurs* font trois Efcargots en Cone, que l'on confond affez communément, & il eft d'autant plus aifé de s'y tromper, qu'extérieurement ils fe reffemblent beaucoup l'un à l'autre, & que même dans le peu qui les differencie, il n'y a que quelque plus ou quelque moins qui décide. L'*Efcargot tigré* par exemple a plus du blanc & moins du noir au lieu que l'*Efcargot marbré* a plus du noir & moins du blanc. *Le Cornet des Cœurs* eft d'un noir pâle, ou d'un bleu foncé & a des taches prefque formées en cœur, de grandeur inégale, toutes bordées de lignes jaunes, bordure qu'on ne remarque pas aux deux efpéces précèdentes, non plus que les taches en forme de cœur. Il eft aifé de voir que l'Efcargot que la Figure 4. repréfente eft un *Cornet des Cœurs,* qui tire cependant un peu fur la façon des Efcargots marbrez. Les Contours, qui en forment la pointe un peu obtufe, font un peu noueuz, & font une efpèce de Couronne. Une obfervation particulière à faire c'eft que ce Cornet a des cercles très-étroits & prefque imperceptibles, placez tout près l'un de l'autre, la Couleur les couvre, & on ne les aperçoit qu'en tenant la Co-

quille

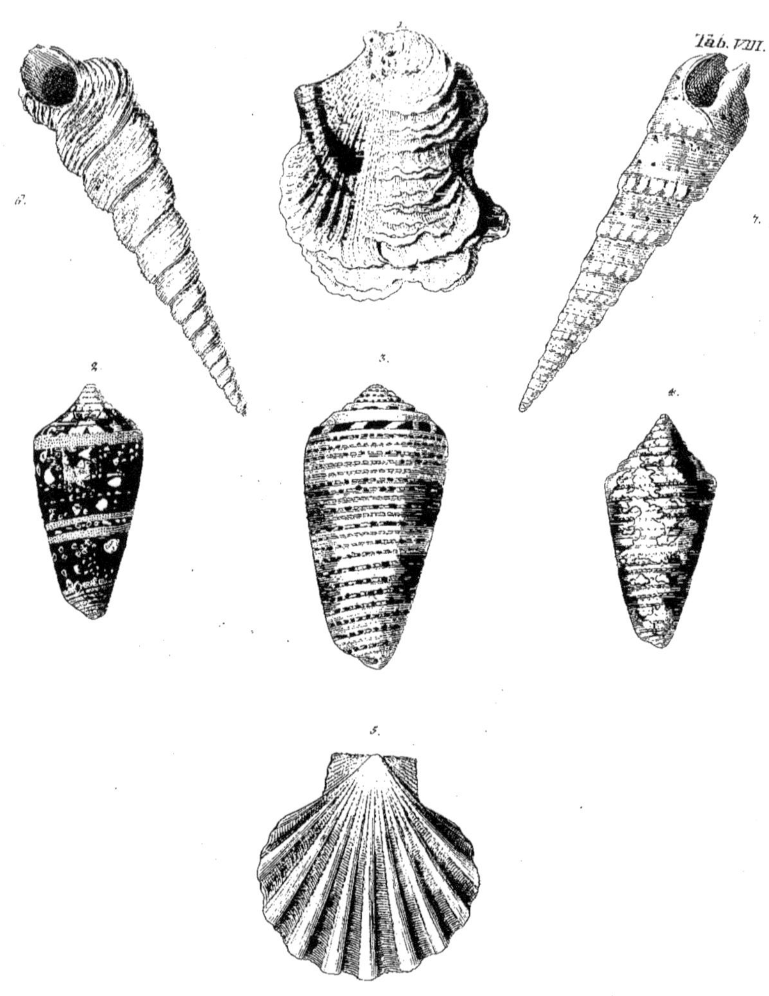

Tab. VIII.

quille de biais à la lumière, ou en les touchant de l'ongle. L'embouchure
eſt blanche au dedans. En la tenant vis-à-vis d'une bougie allumée, on
voit la plus belle écaille de tortuë. Les Indiens en émoulent la Couronne
& toute la partie inférieure, de ſorte qu'il n'en reſte qu'un anneau qu'ils
portent au doigt pour parure.

Figure 5. qui eſt d'une beauté extraordinaire, a un fond blanchâtre trés-
brillant, ſur lequel on voit quantité de rangées de petits grains, ou
points élèvez, de couleur brune, lesquelles rangées ſont à diſtance égale
l'une de l'autre. Par-ci par-là il y a quelques taches, conſiſtant en un a-
mas de petits points bruns, comme ſi nombre de mouches y avoient poſé
leur fiente & avoient ſali la coquille en cet endroit. On l'apelle le *Cornet
grainé de Fiente de Mouches* (a). En la conſidérant par dehors, où l'on aperçoit ſes Contours émouſſez, on peut la mettre dans la Claſſe des *Cornets en
forme d'Olive,* (b) ou des *Barroirs de Tonnelier* (c). C'eſt l'eſpèce que R u m p h
apelle *voluta arenata,* où grainée de ſable.

La Figure 6. nous préſente un Cornet grainé, qui n'eſt pas d'une moindre beauté que celui dont nous vénons de parler. Les grains y ſont
en rangées comme au précédent. Mais le fond en eſt jaune-brunâtre, les
grains tirans ſur le brun, & un peu plus élèvez qu'au précédent. On voit
au milieu une bande blanche, qui en fait le tour, garnie de grandes taches
brunes & rondes. Au fond ſupérieur il y a un bord blanc dentelé, qui prend
ſur le fond jaune-brunâtre, & a l'éclat de la Porcelaine. Le fond eſt à
flames, & les Contours émouſſez. Quelques uns ont apellé cette Coquille
le petit Chat grainé (d), d'autres le *Couſſin à faire de dentelles* (e) ou *le Fromage
verd* (f). Le Lecteur eſt libre de décider en faveur de qui il voudra. Le
nom Latin eſt *Voluta faſciata.*

La dernière ou *Septième Figure* de cette Planche eſt une petite Coquille
en forme d'aſſiette à cotez inégaux. La Fermeture aboutit fort en pointe. Elle eſt mince, & pleine de lignes fines, qu'on ne voit jamais mieux
qu'à travers à la bougie. Au dedans il y a une tache ſemblable à une Pro-
vince enluminée ſur une Carte Géographique. La Coquille dailleurs blanche, platte, & fort brillante au dehors, tire un peu ſur un bleu foncé ou
Violet. Ce qu'elle a de particulier c'eſt une bordure de quantité de petites pointes fines & trés-petites, qui s'enchaſſent dans celles de l'autre
coquille. On l'apelle par cette raiſon *la Scie.* (g).

PLANCHE VIII.

Figure 1. Nous avons déjà fait plus haut la remarque que parmi les
Huitres pierreuſes, il y en a quantité de difformes & telle eſt celle que
cette Figure repréſente. La Coquille conſiſte en pluſieurs écailles four-
rées l'une ſur l'autre, qui ſont d'un rouge pâle, & transparentes. Le
Bec en eſt jaunâtre, & n'a d'autre liaiſon avec l'écaille qui ſuit, ſi ce n'eſt
qu'il y eſt fortement attaché, à quoi l'Huitre qui eſt dedans contribuë le

(a) Die
granulir-
te Flie-
gen-
Drecks-
Tutte.
(b) Oli-
ven-Tut-
ten.
(c) Bött-
cher-
Bohrer.

(d) Das
granulir-
te Kätz-
gen.
(e) Das
Kloep-
pel-Küf-
ſen.
(f) Der
grüne
Kæs.

(g) Die
Saege.

C 2   plus

plus, pour joindre les Coquilles, & les tenir ferrées· Dailleurs la Surface de la Coquille eft cotonnée & fibreuſe, comme la figure le démontre.

Figure 2. Nous voici arrivez aux Coquilles aux quelles on donne proprement le nom *d'Amiral*, & nous commençons par un *Vice-Amiral.* Cet Eſcargot, que l'on apelle auſſi *l'Amiral des Indes occidentales* (a), a un fond brun. Il eſt entouré en haut d'une bande jaune étroite, on en voit de la même couleur deux plus étroites au milieu, & une plus large tous au bas. Ces bandes font parſemées de petits points noirs. Entre ces bandes on aperçoit dix à onze Cercles grainées de noirâtre & de blanc, qui font les mêmes tours. Les Cercles font un peu élevez & les grains forment fur ces Cercles des petites boſſes, qui font aſſurément un trés-bel effèt. Les Contours aboutiſſent un peu en pointe, & la coquille eſt marquée ci - & là de taches de couleur blanche.

Figure 3. Celui de tous les Amiraux, qui par ſa beauté mérite le premier rang, & qu'on voit ici trés-vivement dépeint d'après nature, eſt *l'Amiral d'Orange* (b). La Nature a employé à cet Eſcargot en Cone tant d'Art & d'ordre, qu'aucun autre de la Claſſe des Cornets ne peut lui être comparé. Les Variations qu'on y remarque font toûjours plus belles l'une que l'autre. Un article eſſentiel à cette coquille c'eſt qu'elle a un fond argentin plus ou moins blanchâtre. Ce fond eſt entouré de deux bandes larges Couleur d'orange, qui paroiſſent tirées à la ligne, & dont la couleur eſt plus pâle aux uns qu'aux autres. Outre ceux bandes on y voit depuis le haut juſques au bas des Cercles élèvez fort fins en travers, dont le nombre s'étend quelques fois juſques à trente. Ces cercles font tous marquetez alternativement avec regularité, en forte que l'on voit toûjours une tache blanche après celle qui eſt noire. Le plus haut de ces Cercles eſt auſſi le plus large, & le plus fort, & eſt là comme un anneau de bordure pour toute la Coquille, après quoi viennent les Contours qui aboutiſſent en pointe obtuſe. Entre ces Cercles on obſerve des Lignes grainées tantôt plus, tantôt moins. Comme la Coquille eſt aſſez épaiſſe, la Couleur des bandes n'eſt pas fort tranſparente.

Figure 4. La Coquille qui fuit eſt un *Amiral-bâtard* (c) plus reſſemblante à un rouleau qu'à un *Cornet.* Celle-ci n'a que des Cercles grainez, & point de bandes. Le fond en eſt de Couleur d'Orange plus ou moins foncée, fur quoi l'on voit des taches blanches telles que celles que la mer forme fur une Carte de Géographie. Les Contours aboutiſſent un peu en pointe, ce qui fait nommer cette Coquille *le Barroir de Tonnelier grainé* (d).

Figure 5. eſt une *Coquille à rayons*, jaunâtre, trés-jolie, à deux Oreilles égales, dont chacune forme un angle droit. Les Sillons fe trouvent entre les côtes depuis le haut juſques au bas entaillez en travers, Cette Coquille eſt ventruë, & ſa partie intérieure eſt couverte d'un brillant femblable à la nacre. L'autre coquille eſt enfoncée, ou rentrante, & à les mêmes côtes, de façon pourtant que quand on joint les Coquilles, la Côte inférieure fe joint ſi juſte dans le Sillon ſupérieur, que l'Artiſte le plus confommé ne pourroit jamais mieux compaſſer un Couvercle.

Figure

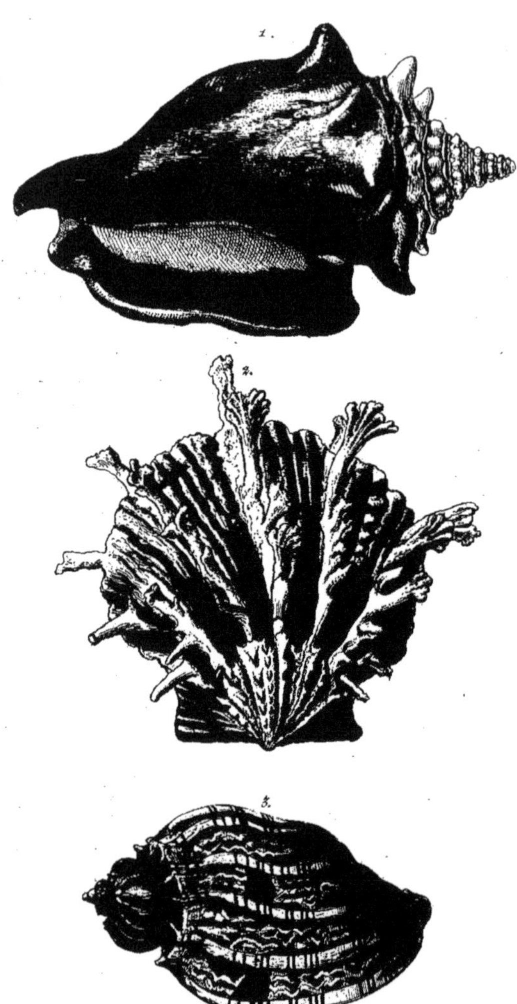

Figure 6. Il y a quantité d'eſpèces *d'Eſcargots à Vis* (a), qu'on apelle auſſi *Eſcargots d'Eguille* (b), ou *Baguette de Tambour* (c), qui ont ſouvent plus de vingt Contours viſibles. Les Coquilles ont en bas preſque l'épaiſſeur d'un doigt, & aboutiſſent en haut en Pyramide pointuë. Le nom particulier de celle, qui eſt repréſentée ici, eſt: *La longue Vis d'Yvoire à contours ventrus* (d). La raiſon de cette dénomination eſt, que chaque Contour eſt ventru, & eſt fort ſerrée contre le Contour ſuivant par une Ligne qui eſt tournée de même. Sur chaque Contour on voit ſept à huit cercles élevez, qui commencent à l'embouchure & ne ſe terminent qu'à la pointe par une Configuration ſemblable à celle d'un Tirebouchon. Le plus ſouvent ces Coquilles ſont couleur de chair, quoiqu'on en voye quelquefois de blanches & de griſes. La Coquille en eſt aſſez épaiſſe, & a au dedans la même couleur, mais elle y eſt unie, & on n'y aperçoit aucun veſtige de Cercles. Rumph l'apelle *Strombus Tympanorum* & les Hollandois *Trommel-Schroef,* c'eſt à dire *Vis de Tambour* à cauſe de la reſſemblance qu'elle a avec ces Vis dont on ſe ſert pour bander les tambours.

Figure 7. Cet *Eſcargot à vis* porte le nom *d'Eguille à bandes & à points,* mais Rumph l'apelle *Eguille à tricoter* (e), *Marlpriem, gekartelde Naalde, Strombus dentatus,* ou *Eſcargot à vis dentelé.* La Coquille en eſt plus mince que celle de la Figure précédente. Ses Contours ſont plats, au lieu que ceux de l'autre ſont tous ventrus. Chaque Contour eſt couvert depuis l'embouchure juſques à la pointe d'une bande élevée ou d'un large cercle, qui eſt entaillé par tout, & l'on voit entre les entailles des petites rayes de couleur jaunebrune, qui vont du haut en bas, & ne ſont pas plus longues que le ruban n'eſt large, quoique ces raies diſparoiſſent quand on y touche trop ſouvent. On remarque entre les Cercles ſur chaque Contour plat deux rangées de petits points brun-jaunâtre. Cette Coquille eſt d'un blanc brillant, entremélé pourtant de couleur de chair, qui paroit de long preſqu'en ondes, ce qui obſcurcit ci & là l'éclat de la Coquille.

PLANCHE IX.

Figure 1. On donne communément le nom de *Coquille Sabote* (f) à toutes celles dont le prémier Contour eſt plus long que les autres, entant que tous les Coutours ſont ventrus & oblongs, & aboutiſſent à une Ouverture large & preſque ronde. Mais lorſque les Contours ne ſont pas ſi ventrus, & que l'embouchure eſt longue & étroite, on les apelle *Eguilles* (g). Quand cette ouverture longue & étroite a un large rebord, le nom eſt *Eſcargot ailé* (h) ou *Corne à Babines* (i). Si les Ailes dans leur étenduë ont de l'épaiſſeur on les apelle *Babines épaiſſes* (k), mais au cas qu'on y voie outre cela des boſſes ou des pointes on les range dans la Claſſe des *Eſcargots-à-pointes* (l). La Figure repréſentée ſur la Planche eſt de cette eſpèce, & le nom qui lui convient le mieux eſt *l'Eſcargot ailé à groſſes lèvres & à dents obtuſes.* La Coquille en eſt très-péſante & extraordinairement épaiſſe. Elle a en haut tout autour du

C 3

prémier

a)Schrauben-Schnecken.
b) Nadel-Schnecken.
c) Trommel-Klöpfel.
d)Die lange Elffenbein-Schraube mit bäuchigten Windungen.

(e) Orig-Strick-Nadel.

(f)Kinckhörner, lat. *Buccina.*
g)Straub-Schnecken. lat. *Verticilli.*
h)Flügel-Schneken
i) Lapp-Hörner.
k) Dick-Lippen.
l)Stachel-Schnecken.

prémier Contour une rangée de pointes obtufes, & au deffous deux rangées de petites boffes. Les Contours fupérieurs, qui aboutiffent en pointe, font auffi garnis de petites pointes ou de verruës. La Couleur en eft
orangée, cependant on y remarque partout comme au travers d'une peau fur
le fond des taches jaunes ou d'un brun, & par cette raifon Rumph l'a-
pelle *Alata textiginofa*, ou *Sproetje*, ce qui fignifie Rouffeurs, ou ces taches
au viffage connuës fous le nom de *lentilles* (a). La Couleur de l'embouchure eft un rouge-vermeil, qui fe perd cependant peu à peu tant au bord de
la babine, qu'à l'entrée de la Coquille, & paroit d'abord un bleu azur &
enfuite un bleu turquin. Cette Coquille a beaucoup de brillant & eft
très-belle.

*(a)Som-
merfprof-
fen.*

Figure 2. De toutes les *huitres pierreuffes* boffuës & ridées, il n'y en a fans
doute aucune, qui ait une conformation plus regulière que le *Manteau de
Lazare*, qui eft dépeint ici. Cette huitre a un dos magnifique rouge de couleur, tout garni de boffettes ou de gibbofitez à peu prés-égales, qu'on voit
en ondes le long des côtes ou des rayons. Du coté de la fermeture elle eft
jaunâtre, & les rayons qui partent de là comme de leur centre, font là où
ils commencent beaucoup plus fins & mieux rangez. Le bec un peu tourné eft tout-à-fait concave, & a deux oreilles égales, dont les rayons font
très-beaux. On obferve fur fon dos raboteux encore cinq rayons jaunâtres, difpofez à diftances égales, qui confiftent depuis le commencement
jufques au bout en membres irréguliers dont les uns font garnis de pointes
& les autres d'écailles. Ces membres en écailles font frifez comme des
feuilles de choux, & aboutiffent peu-à-peu du coté de la fermeture en petites écailles, pointes, ou boffettes, mais du côté de la circonférence ils s'é-
tendent loin au delà du bord de l'huitre, & font un peu relevez. L'intérieur de l'huitre brille comme la Nacre. On n'y aperçoit aucun rayon à
caufe de l'épaiffeur de la Coquille. Le Couvercle eft plat & a des écailles irregulierement diftribuées.

Fig. 3. Il fe trouve des Efcargots qu'on apelle *formez en boire*(b) parce
que leurs Coquilles font ventruës au milieu & ont la figure d'une poire
par les extrèmitez. En voici une très-belle de cette efpéce à laquelle on a
donné le nom de *Harpe de David* (c), parce que l'une de fes côtes a beaucoup de raport par fa conformation à celle d'une harpe, & que les autres
qui régnent tout du long à diftance égale repréfentent les cordes de cet in-
ftrument. Cette Coquille n'eft point épaiffe. Ses côtes font affez larges
& élevées. Elle eft unie, brillante de couleur brune-foncée, par ci par là
marquée de flammes blanches & rougeàtres, tachetée, & affez femblable
à un beau Marbre d'Italie bien poli. On y voit des rayes noires, qui traverfent les côtes, entre lesquelles il y a tout du long des rangées entières, de demi-
Cercles blancs. A l'extrèmité du premier Contour les côtes fe brifent en
pointes émouffées, ce qui forme un efpace affez large, qui continue jufques
aux Contours fuivans, de forte que le fecond Contour fe trouve pofé proprement fur l'inférieur, prefque comme une Couronne à douze pans fur
une

*(b) Birn-
foermig.*

*(c) Da-
vids- Har-
pfe.*

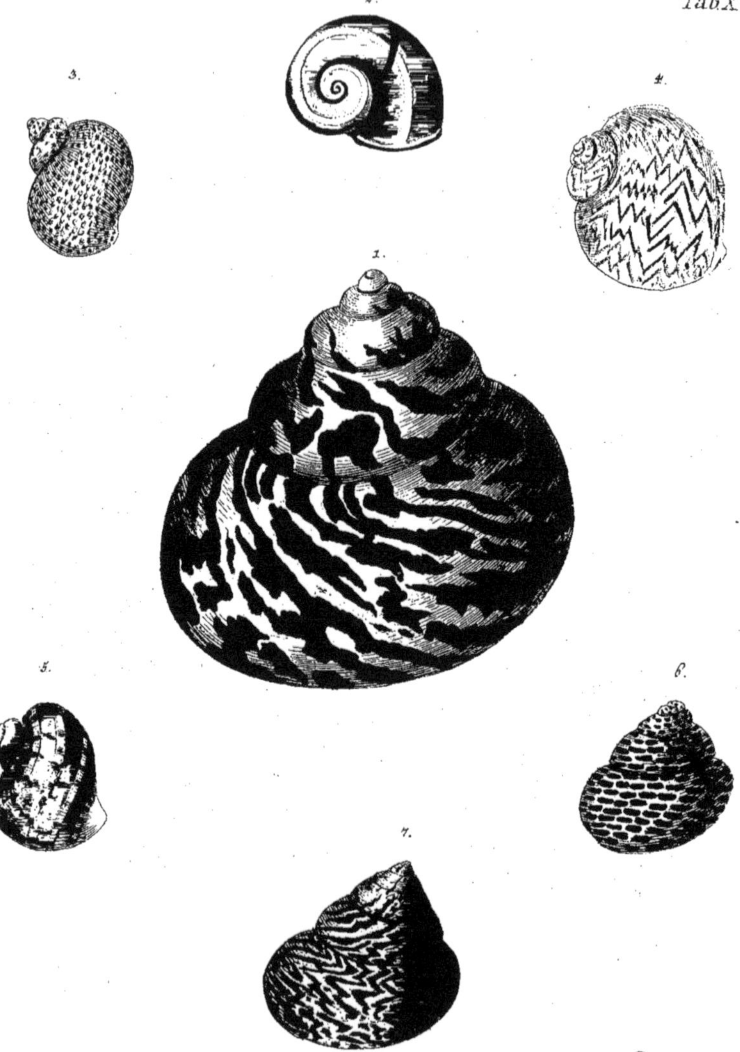

Tab.X.
3.
2.
4.
1.
5.
6.
7.

une tour, & les autres petits Contours forment au deſſus de cette Couronne un Ornement ſemblable à ces touffes ou bouquets qu'on voit quelquefois au haut des tentes. Au dedans la Coquille eſt rougeâtre & unie, ſans ſillons, parceque les côtes ne ſont pas concaves.

PLANCHE X.

F_{ig. 1.} La Claſſe des *Alykruiken,* ou *Cruches à huile,* comme on les nomme, & qui apartiennent aux *Eſcargots* proprement dits tels, eſt trés-nombreuſe. On en voit ſix ſortes particulieres ſur cette Planche. Celle du milieu marquée Fig. 1. eſt le *tigre Malabare* (a). D'autres l'apellent *l'Oreille de Géant flamboyante* (b), ou la *peau de ſerpent colorée* (c). C'eſt une Coquille trés-épaiſſe, ayant l'embouchure en forme d'oreille couverte d'un brillant de Nacre. Ce brillant perce auſſi de biais ſur les Contours à travers un fond brillant de méme, & noir comme l'Ebène. Cette couleur noire ſe perd aux Contours ſupérieurs, & toute la partie ſupérieure ſemble étre de nacre. Cette méme eſpéce de Coquilles a auſſi quelquefois au lieu de flammes des taches blanches, & par cette conſidération on apelle celle-ci *la peau de Serpent,* & l'autre *le Tigre.* Mais elles ſe reſſemblent en un point c'eſt qu'elles ont l'une & l'autre prés de l'embouchure un trou umbilical aſſez large, qui va juſques au dernier petit Contour où ce trou n'a plus qu'une ouverture trés-étroite, dans laquelle on ne peut paſſer que la pointe d'une petite épingle.

Figure 2. eſt un *petit Cornet de poſte* (d) dont la Coquille eſt fort mince. Sa Couleur eſt orangée. Elle eſt trés-proprement ornée d'une bande noire, qui borde les Contours, & les extrémitez de l'embouchure coupée. On voit la méme bande ſur le dos en travers. Il y a des deux cotez encore une bande blanche, qui fait tout le tour des Contours, au bout deſquels la Couleur orangée ſe perd & devient plus jaunâtre. Au dedans paroît un brillant couleur d'or ou d'argent. Ce qu'il y a à remarquer de particulier, c'eſt que les Contours ne ſont élevez nulle part; mais à méſure qu'ils s'etréciſſent ils rentrent en dedans ce qui a fait donner à cet Eſcargot le nom de *Trompe d'Elefant,* par le raport qu'il y a de cette Coquille à la Trompe, lorſque l'Elefant la retire & la roule enſemble, pour prendre quelque choſe, ou pour le tenir ferme.

Figure 3. Ceci eſt un *Eſcargot nageant,* qui apartient auſſi bien que la Coquille ſuivante à la Claſſe des *Cruches a huile.* Celle ci eſt un peu plus tirée en biais. Les Contours en ſont fort voutez, & l'Ouverture eſt faite en forme de Lune. Le fond eſt de couleur fauve tacheté de rouge foncé.

Figure 4. eſt de l'eſpéce des *Turbans à la Turque* (e). Cette Coquille eſt blanchâtre, & eſt marquée de haut en bas de lignes brun-jaunâtres tracées en angle, comme on écrit en allemand un m ou un n. Quand la couleur en eſt plus jaune, on range celle Coquille au nombre des *Jaunes d'œufs marbrez.* Elle eſt mince.

Figure 5. eſt une trés-belle Coquille un peu enfoncée, à Contours coupez & diſtinĉts. Le prémier eſt ordinairement d'un rouge-brun, à travers
lequel

(a) Malabariſche Tiger.
(b) geflammte Rieſen-Ohr.
(c) die bunte Schlangenhaut.

(d) Poſthörnchen

(e) Orig-Tulbande, Türkiſcher Bund lat. *Faſcia,* ou *Diadema.*

lèquel on voit briller du jaune, mais en haut, là où le prémier Contour commence á s'applatir & à fe retourner, de même qu'aux petits Contours reftans, elle eft bleuë. Le prémier contour eft environné de trois cercles marquez altérnativement de blanc & de rouge à la façon des *Echelles* qu'on voit fur les Cartes Geographiques. Elle brille en dedans comme la nacre, & n'a point de trou umbilical.

Figure 6. Cette Coquille *en forme de Lune* n'eft pas autant tirée en biais que les précedentes, & fes Contours fupérieurs font auffi plus grands. La Couleur du fond eft comme celle d'une Corne qu'on a frottée d'huile, & l'on remarque fur les deux prémiers Contours diverfes rangées de taches noires oblongues, qui fe perdent aux autres Contours. L'Embouchure eft blanche & la Coquille épaiffe.

Figure 7. Cette *Coquille frifée* a beaucoup de raport avec celles auxquel-les on donne le nom de *Naffau* (a). Le Contour inférieur eft feul auffi grand que tous les autres enfemble. Le fond eft couleur de Citron. Au fecond Contour on voit des Lignes noires à angles, qui defcendent en zig-zag juf-ques en bas à peu prés comme les Graveurs repréfentent la marche de l'éclair, & les Contours fupérieurs font comme de la Nacre verte.

Toutes les *Cruches à huile* que nous avons décrites jufques ici font unies & brillantes, & leur Chair fe mange.

PLANCHE XI.

Figure 1. On trouve auffi des Efcargots que ne font élevez qu'un peu, mais d'un coté comme de l'autre. Leurs Contours forment en proportion égale une Ligne Spirale comme les Cornets de Pofte. L'embouchure n'en eft pas grande, & prefque quarrée, à peu prés comme le profil d'un tuyau comprimé. Une des principales Coquilles de cette Claffe eft celle que la Figure 1. repréfente & qu'on nomme la *Perfpective* (b). RUMPH l'apelle *Cochlea globofa umbilicata.*

Elle eft élevée de deux tiers de pouce, & a la largeur d'un gros tu-yau de paille. Elle a auffi prefque la même couleur & abfolument le même vernis. Mais il eft néceffaire d'en faire une defcription plus détaillée. La prémier Contour eft donc bordé en bas d'un Cercle blanc angulaire, qui avance, & fait le tour de tous les contours, jufques à la pointe, où il fe perd. Il vient enfuite un autre Cercle plus plat, plus large, & auffi élevé, décoré alternativement par tout de taches blan-châtres & de brun Chatein. Celui-ci accompagne le Cercle blanc inférieur en fuivant tous les contours jufques au bout. A cela fuccède un Con-tour femblable à un tuyau façon de paille, jaune à quelques coquilles, brun ou bleuátre à d'autres, & ayant à quelques unes des bandes des deux couleurs. Les Contours inférieurs font unis, les fupérieurs ridez, com-me fe ride un brin de paille quand on le courbe.

Figure

(a) Naf-fauer.

(b) Per-fpectiv-Schnecke

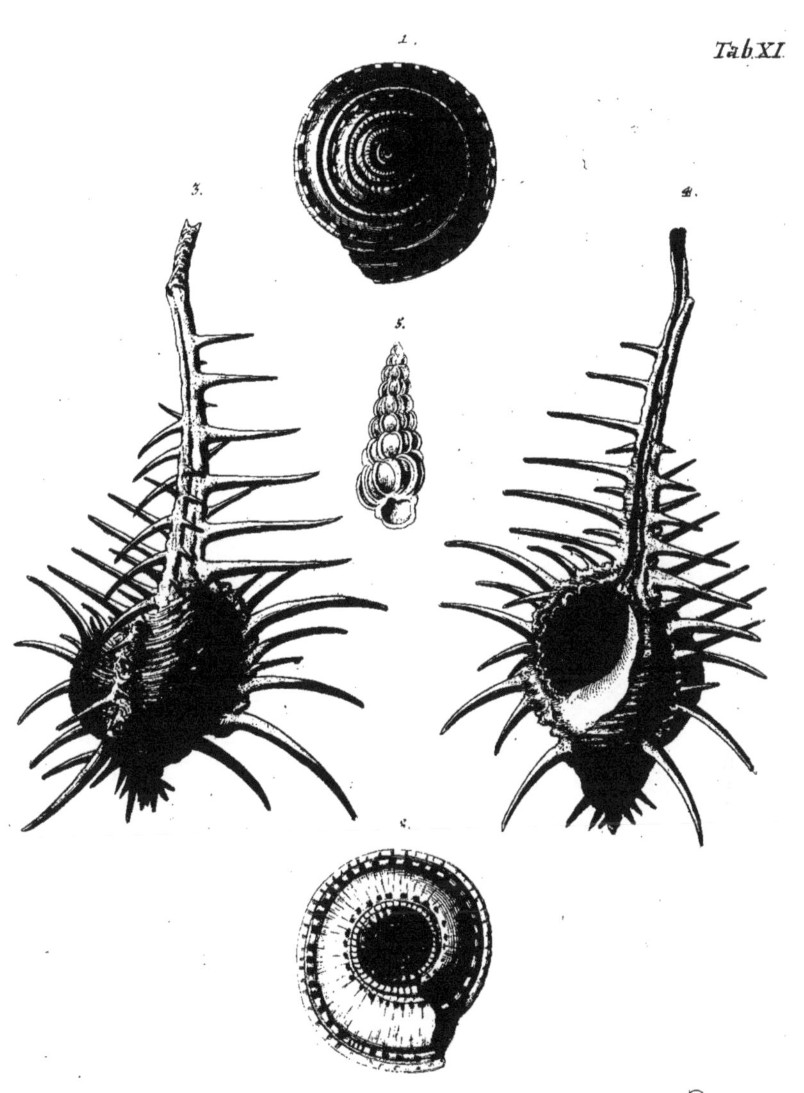

1.
Tab.XI.
3.
4.
2.

25

Figure 2. Tournons à-préfent cette *Perfpective*, & examinons-la par deffous. Nous y trouverons la raifon de la dénomination qu'on lui a donnée.
Nous voyons dabord ici comme à la prémière Figure ce Cercle blanc, que
nous avons déjà décrit, & fur lequel on aperçoit quelquefois des flammes
jaunes, puis paroît fur ce fond le même Cercle élevé tacheté de brun &
de blanc, comme à la partie extérieure des Contours. Ce cercle les fuit
d'un bout à l'autre comme on le peut voir aux Efcargots brifez ou coupez
par le milieu. Une platte pâle, couleur de paille, vient immediatement
après ce cercle, laquelle platte eft bordée d'un anneau coloré, & enfuite
d'un cercle fort ridé ou entaillé. De-là on peut voir à travers tous les
Contours, qui aboutiffent en pointes comme les Perfpectives peintes, &
ce n'eft qu'au fond que la Perfpective eft fermée. Au refte la Coquille
eft mince & tranfparente.

Figure 3. Parmi les Efcargots, dont les Contours ont beaucoup de raport avec ceux des *Coquilles Sabotes*, il y en a de dentez, qui ont au Contour
inférieur un long bec. Leurs dents ou aiguillons les ont fait nommer *Es-
cargots-Heriffons*, mais on les apelle auffi *Têtes de becaffe* à caufe du long bec.
Leur Couleur leur fait donner encore le nom d'*Escargots pourprez*. La Coquille de cette efpèce représentée fur notre Planche eft d'une beauté extraordinaire. Sa Dénomination propre eft la *Tête de becaffe à doubles aiguillons*. On l'apelle auffi l'*Araignée*, & encore *Chauffetrappe*, en latin *Tribulus*.
Le prémier Contour eft auffi grand que les autres trois. Ils font marquez en travers par de petits Cercles élevez, qui font fins, & tout garnis
de petites boffes. Trois groffes Côtes élevées fortent du plus petit Contour, & paffent fur tous les autres le long de la Coquille. La prémière de
ces Côtes defcend près de l'embouchure, la feconde eft vis-à-vis de l'autre côté, & la troifième paffe au milieu fur le dos. Toutes les trois ont
des Aiguillons longs un peu courbez, entre lesquels on en voit ça & là
de plus petits. Ces Aiguillons ont pour la plúpart un pouce de longueur,
& font très-aigus. Ils garniffent le bec, qui eft long d'un doigt, & un peu
courbé au bout, ce qui le fait paroître rompu.

Figure 4. Quand on confidère cet Efcargot par le bas, on aperçoit une
Embouchure pareille à celle des *Coquilles Sabotes*, avec une Babine frifée.
Cette embouchure s'étend par une éraflûre étroite jufques au bout du bec.
Le Couvercle deftiné à fermer l'embouchure, qui s'apelle en latin *Onyx
marina*, ou *Vnguis odoratus*, rend une odeur agréable. On s'en fert pour parfumer. En obfervant de ce côté les aiguillons inférieurs on voit à la plúpart une éraflure comme l'autre, mais très-étroite & préfque fermée, tout
comme fi ces aiguillons avoient eû autrefois une cavité, qui fe feroit re-
jointe. La Couleur de la Coquille eft un peu rougeâtre. Il y en a beaucoup d'un gris-cendré, & très-peu de blanches.

Figure 5. Nous avons deffiné fur cette planche encore un *Efcargot-à-vis*
qu'on apelle l'*Efcalier en caracol irrégulier*. La Coquille en eft blanche. Elle
eft de la longueur d'un pouce, & a des Contours ventrus, qui vont abou-

D

tir

tir en pointe en s'appetiſſant proportionellement. On voit tout le long des Contours des Côtes élevées, qui ſemblent les tenir joints l'un à l'autre. L'Embouchure en eſt preſque ronde, & comme bordée par l'une des côtes. Ce en quoi cette Coquille diffère de celle, qu'on nomme *l'Eſcalier en caracol regulier*, c'eſt que ſes Contours ſont plus près l'un de l'autre, & ailleurs ceux de la dernière ſont plus ventrus, plus courts à proportion, & d'une ſtructure beaucoup plus belle.

PLANCHE XII.

(a)Kräu-fel-Schne-cke.
(b)voyez Diction. de *Richelet*, au mot T o u p i e.

F*igure 1*. repréſente un *Eſcargot à toupie* (a) & coloré, tout à fait charmant. On l'apelle ainſi à cauſe que poſé ſur ſa pointe il reſſemble fort aux *toupies* (b) dont les Enfans jouent. Ses Contours ſont plats, s'étréciſſent peu à peu proportionellement, & vont enfin aboutir en pointe. Il y a ici une Remarque particulière à faire, c'eſt qu'aux autres Eſcargots les Contours ſont plus ou moins coupez & diſtincts l'un de l'autre, & ſe recourbent en dedans dans une circonférence plus petite, au lieu qu'ici un Contour dépaſſe l'autre en ſorte que le Contour ſupérieur paroit toujours repoſer ſur celui qui ſuit, comme on voit les tuiles diſpoſées ſur les toits. Les coupures des Contours ſupérieurs, qui dépaſſent ceux qui ſuivent, ſont un peu noueuſes. Le fond eſt de coulenr blanchâtre, & couvert ça & là de taches, qui ſont d'un rouge foncé. Entre ces taches on aperçoit des lignes d'un rouge clair. Près de l'embouchure, qui a l'éclat de la nacre, il y a quantité de taches incarnates grandes & petites, & beaucoup d'anneaux ronds entaillez. Toutes les Coquilles de cette eſpèce portent auſſi le nom de *Piramides*. Les Hollandois les apellent *Baggue-drellen*, c'eſt à dire *Pets de Nonne* (c).

(c)Non-nen-Fürzgen.

Figure 2. Nous avons vû ſur la Planche XI. une *tête de becaſſe à doubles dents;* celle qui ſe préſente ici eſt une *Tête de becaſſe ſans aiguillons* que quelques uns apellent le *petit Seau* (d), ou le *petit Puiſoir à manche* (e), parce qu'il ſemble qu'on puiſſe s'en ſervir pour puiſer. Cet Eſcargot apartient à la Claſſe des *Eſcargots pourprez à bec* proprement ainſi dits. La Coquille eſt marquée de nœuds ſur les Contours, & en travers alternativement de lignes brunes & blanches en ſillons. Trois groſſes côtes comme des bourrelets regnent tout du long.

(d) Die Sehuffe.
(e) Das Schöp-fergen mit dem Stiel. Latin. *Hauſtellum*

Figure 3. L'embouchure de l'Eſcargot précedent eſt repréſentée ici. Elle eſt rougeâtre, preſque ronde, & aboutit à une fente étroite qui regne tout le long d'un bec mince, & s'ouvre un peu à l'extrémité. Ce bec, brun de couleur, eſt garni en haut de quelques rayes élevées, qui montent en biais en tournoyant, ce qui le fait paroitre comme une colonne torſe. Il y a encore à obſerver que l'embouchure eſt mince, & a des babines peu dentées qui vont du bas droit en haut. D'ailleurs la Coquille eſt fine, blanche au dedans, & preſque tranſparente.

Figure

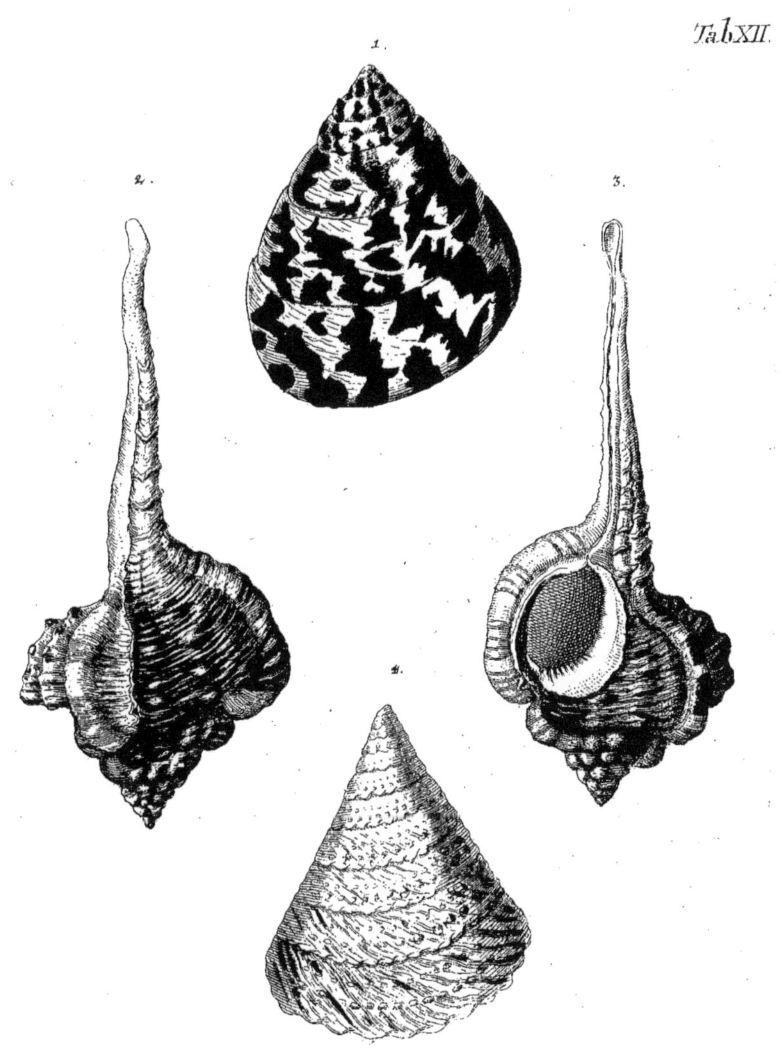

Tab.XII.
1.
2.
3.
4.

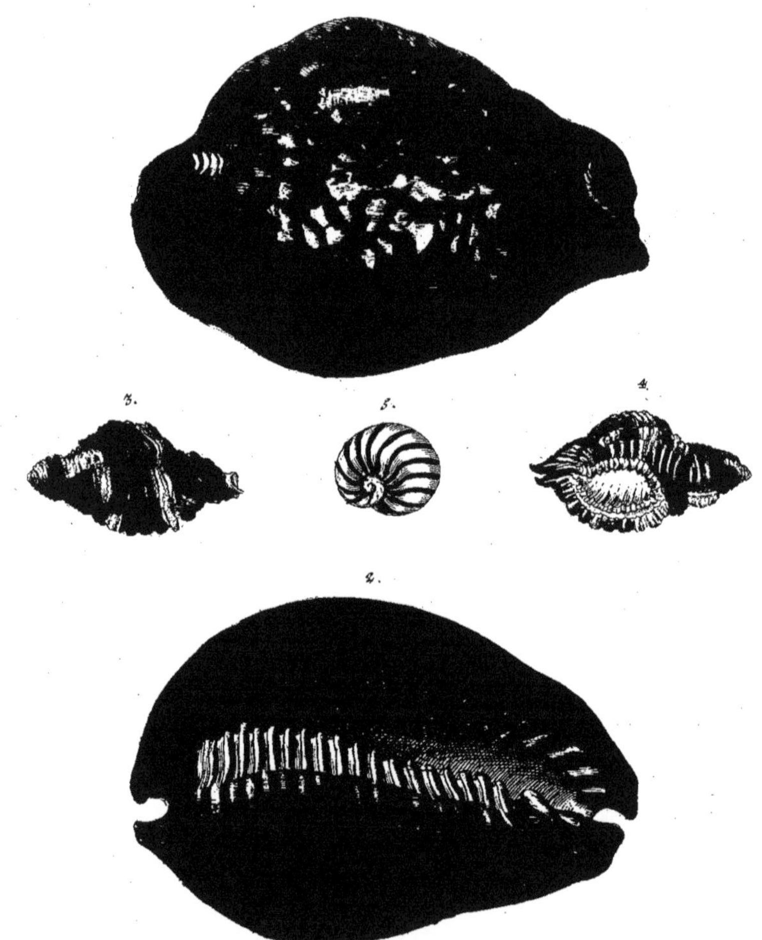

1.
Tab XIII.
3.
5.
4.
2.

Figure 4. Cet Efcargot en *toupie* ne cede point en beauté à celui que nous avons décrit ci-deffus (*Fig. 1.*) La Structure eft la méme, mais celle-ci a fur fes Contours deux rangées de petits nœuds l'une fur l'autre, dont la rangée inférieure a les nœuds les plus épais. Un Verd celadon s'y repand comme en ondes tremblantes, qui fuivent la marche des Contours. Le fond plat du prémier Contour eft juftement fait comme à l'Efcargot précédent de cette efpèce, mais les taches en font d'un rouge pâle & verdâtres. L'embouchure eft dentée, & fe retourne un peu plus en dedans par une cavité, à peu près comme un tournant d'eau.

PLANCHE XIII.

La riche Claffe des Coquilles, aux quelles on donne le nom de *Porcelaines*, nous fournit ici un très beau *Klippkous*, qu'on apelle *Tortuë*, ou en latin *Concha teftudinaria.* Cet Efcargot a un dos élevé un peu boffu, qui d'ailleurs eft uni & brillant. La couleur en eft un brun de chataigne, par-ci par-là un peu blanchâtre, parfemée en particulier aux côtez de taches blanches tirant fur le jaune d'un brun foncé vers le ventre, & tout-à-fait noire au bord. A l'une des extrémitez où l'on trouve des veftiges presqu' imperceptibles de petits Contours fortans fur une pointe pleine de noeuds, la Coquille eft plus large qu'à l'autre. Mais l'ouverture eft également élevée aux deux bouts. La fente n'eft point dentée aux extrémitez.

Figure 2. Le ventre de la *Porcelaine* que nous venons de décrire eft d'un brun foncé avec une lueur bleuâtre. Vers le milieu cette couleur tombe dans le jaunâtre, après quoi vient l'embouchure dentée. Toutes les dents font fort élevées, d'abord d'un brun rouge, & à méfure qu'elles entrent dans la coquille elles aprochent plus du blanc ou du jaunâtre. La couleur intérieure eft blanchâtre mais fort ombrée.

Figure 3. La plus grande partie des *Coquilles Sabotes*, dont le nombre eft très-confiderable, font de groffes pièces. Cependant on en trouve auffi de cette efpéce de petites qui font extraordinairement mignonnes. Telle eft celle dont nous donnons ici la figure. *Ce petit Cornet* a quantité de Cercles élevez & grainez, preffez l'un contre l'autre, qui font le tour de tous les Contours. Ces Cercles font de Couleur orangée tirant en rouge, & les Sillons qui les féparent d'une couleur un peu moins haute. On trouve ça & là aux Contours des rebords élevez, comme s'il y avoit une nouvelle pièce ajoutée. La pièce entière paroit de tous les côtez tournée en biais, & entre deux on aperçoit par fois un rebord d'un beau bleu.

Figure 4. eft le côté opofé de la méme *Coquille Sabote.* On y voit l'embouchure bleuâtre ou blanche, entourée d'une babine blanche épaiffe & frifée, qui aboutit à un bec court tourné en biais. La Frifure de la babine provient des Cercles élevez extérieurs, qui y aboutiffent & la dépaffent, & entrent ainfi dans la méme élevation colorez de bleu dans le Contour.

D 2

Figure

Figure 5. La dernière piéce de cette Planche eſt un *Eſcargot nageant* formé en demi-Lune. La Coquille en eſt d'un beau blanc, & brille comme un yvoire poli. Le dos eſt décoré de diverſes bandes noires ou rayons, qui le traverſent en ſerpentant à diſtance égale l'un de l'autre. Ces rayons paroiſſent à l'oeil comme de l'Ebéne noire raportée avec beaucoup d'art de fineſſe & de propreté ſur un fond d'Yvoire. La Coquille eſt ſubtile & transparente. Rumph l'apelle *Valvata octava ſive tenuis.*

PLANCHE XIV.

(a)*Jacobiter-oder Strahl-Muſchel.*

Figure 1. Cette *Coquille à rayons,* ou *Coquille Jacobite,* (a) comme quelques uns l'apellent, apartient à la Claſſe de celles, qui portent le nom de *Manteau roïal.* On les nomme *Manteaux,* parce que leurs raïons reſſemblent aux plis d'un Manteau quand il eſt ſur les épaules, & les oreilles repréſentent le Collet. Quoique la plûpart de ces *Coquilles Jacobites* ayent à peu près la même figure, on ne donne cependant particuliérement le nom de *Manteaux* qu'à celles dont la figure eſt la plus jolie, & la Coquille la plus nette. S'il s'y trouve de belles taches, on les apelle des *Manteaux bigarrez.* Mais lorsque ces taches ſont d'une couleur éminemment belle & pour ainſi dire Roïale, & que la Coquille ſe diſtingue par ſa netteté & par ſa fineſſe, on lui donne par préférence le nom de *Manteau royal.* A l'égard de la Figure des Côtes & des Rayons, on n'a qu'à relire ce qui en a été dit à la Planche IV. & V. Celle-ci cependant n'a point de boſſes, mais des rayes delicates, qui forment des Sillons très-fins. La Couleur en eſt blanchâtre & rouge, où l'on voit des taches irréguliérement diſtribuées, qui ſont d'un rouge-foncé, & qui paroiſſent comme les ombres des plis d'un manteau ſuſpendu. En haut vers la fermeture, il y a un anneau obſcur, qui ne paroit angulaire que parce qu'il entre dans les Sillons ou la Couleur ſemble ſe répandre.

Figure 2. eſt le Couvercle de la Coquille précedente. Il eſt tout plat & paroit même être comme un peu enfoncé vers la fermeture. Sa Couleur differe un peu de celle de la Coquille inférieure, ce qu'on voit à tous les Couvercles. Celui-ci a une large bande blanche en forme d'anneau au beau milieu. Les Côtes au bord extérieur ſont auſſi élevées que celles de la coquille ventruë. Mais ces côtes ſe perdent vers la fermeture là où le Couvercle paroit être enfoncé, & ſemblent l'avoir été auſſi, de ſorte qu'on n'en aperçoit preſque aucun veſtige.

Figure 3. repréſente une eſpéce particulière de la Claſſe des *Porcelaines.* On les apelle dos élevez, parceque ces Coquilles ſont entourées au travers du dos, & un peu plus près d'un bout que de l'autre, par un haut bourrelet. Ces Coquilles ſont unies & brillantes. Leur nom hollandois eſt *Jambœſen.*

Figure 4. eſt la même que la précedente, mais placée de façon qu'on en voit l'Embouchure, & l'intérieur. Ici elle eſt blanche, au lieu que l'autre

tre

2.

3.

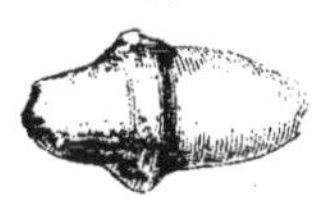

4.

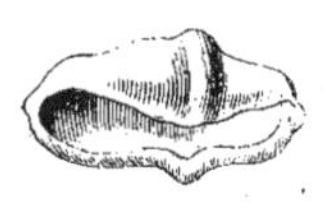

1.

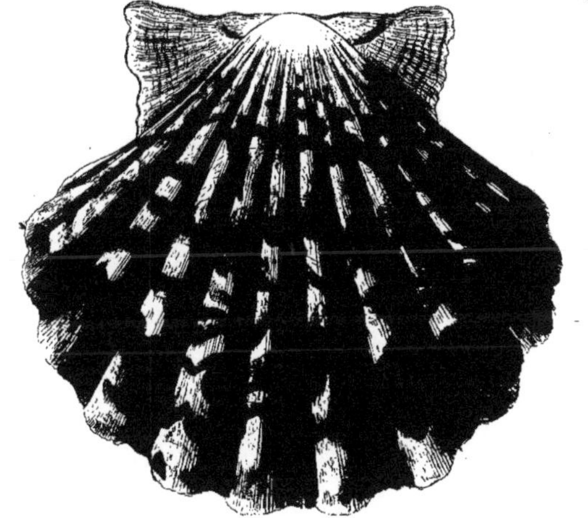

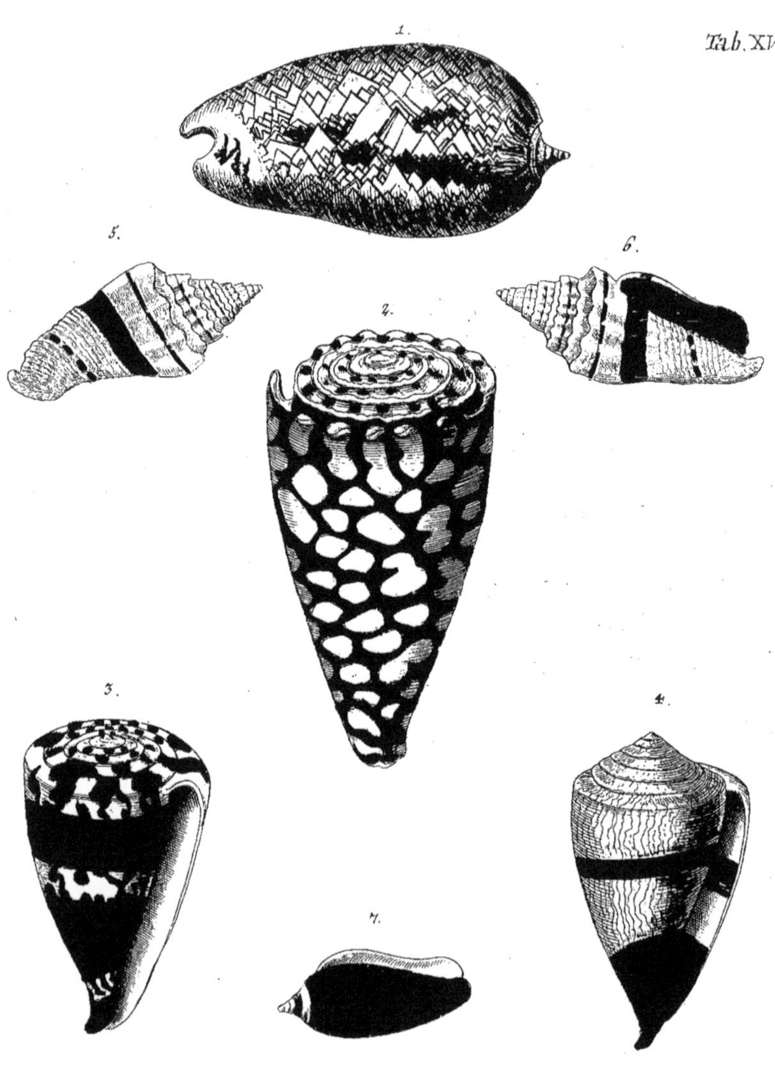

Tab. XV.
1.
5.
6.
2.
3.
4.
7.

tre partie eſt jaunâtre. Elle reſſemble aux autres *Porcelaines* en ce que l'embouchure y eſt en long, mais elle en diffère en ce qu'elle n'a point de dents, & qu'aux extrémitez elle ne ſe relève point ſi fort vers le dos.

PLANCHE XV.

Figure 1. La prémiére piéce de cette Planche eſt un Eſcargot incomparable, qu'on nomme *l'Eſcargot en cylindre*, ou *en rouleau*, parcequ'en effet ſes Contours ſemblent étre roulez les uns ſur les autres. Le prémier Contour prend preſque toute la Coquille. Les autres ne paroiſſent qu'un peu, & ſe terminent en une pointe fine & délicate. L'embouchure va en long, où l'on voit des rayes épaiſſes, élèvées & courbes. La Coquille en eſt par tout très-épaiſſe; mais unie comme un Verre poli & brillante comme un Miroir. On l'apelle auſſi par cette raiſon le *Cylindre* ou *le rouleau de porcelaine*, & quand elle eſt bien marquée & qu'elle a de belles couleurs, on lui donne auſſi le nom d'*Eſcargot d'Agathe.* En général elles ſont en haut un peu plus larges & plus ventruës qu'en bas, mais lorsqu'elles ſont tout du long d'une largeur abſolument égale, on les nomme *Datte.* On en excepte celles dont les Contours s'élèvent plus qu'à l'ordinaire, qu'on met dans la Claſſe des *Barroirs de Tonnelier.* Intérieurement les Embouchures ſont blanches, rouges, couleur de Saffran, bleuâtres, &c. Pour ce qui concerne particulièrement le *cylindre* repréſenté dans cette figure, il faut le compter au nombre des beaux *Eſcargots d'Agathe.* La Coquille en eſt rougeâtre, ou incarnat, & eſt marquée de quantité de lignes ou rayes brunes, qui forment toutes d'un coté un eſpéce de Rectangle, & paroiſſent étre poſées par les coins les unes ſur les autres, ce qui fait un très-bel effet. On aperçoit encore au bas une bande bleuë un peu élevée, & tirée en biais.

Figure 2. eſt un *Cornet en Cœur* d'un brun-chatain dont les Contours garnis de dents obtuſes ne s'élèvent que tant ſoit peu par le haut au bord. Cette Coquille eſt marquée de taches blanches figurées en cœur & brillantes comme l'Yvoire, qui vont en rangées tirées un peu en biais ſur le Contour extérieur depuis le bas juſques à la Couronne, où la rangée, qui a commencé à la pointe du premier Contour, ſemble entrer au ſecond dans l'embouchure, où elle ſe perd. On peut relire ce qui a été dit ſur ce ſujet à la quatrième figure de la ſeptième Planche.

Figure 3. On l'apelle *Coin de beurre.* La Coquille en eſt jaune-brunâtre. Elle eſt ceinte de lignes étroites & de bandes larges, qui ne ſont point élevées. Les lignes conſiſtent en petits points bruns, & les bandes en taches brunes ſur un fond blanc. Les Contours n'avancent pas. Ils ſont plats & unis ſans dents. Il n'y a que les deux derniers, qui avancent tant ſoit peu & ſe terminent en pointe obtuſe. R u m p h nomme cette Coquille *Voluta faſciata*, & en fait la troiſième eſpéce de celles qui portent en hollandois le nom de *Speldewerks-Küſſen*, ou *Couſſin à fuſeaux.*

D 3

Figure

Figure 4. Celle-ci porte le nom de *Cornet de bois de Chêne.* Elle a une conformation femblable à la précedente, à cela près que tous fes Contours s'avancent peu-à-peu. Le fond en eft proprement blanc, mais comme les lignes jaunes, qui s'y trouvent en quantité, femblent communiquer leur couleur au fond, comme une goute d'encre qui tombe fur une feuille de papier brouillard, il paroit jaunâtre. La Coquille eft entourée au milieu & vers l'extrémité inférieure d'une bande unie de brun foncé fur un fond jaunâtre, laquelle bande confifte en plufieurs lignes brunes ondées très-fines & contiguës l'une à l'autre. On voit fur la bande inférieure trois petits anneaux minces, qui ne font pas plus gros qu'un fil. Elle eft blanche en dedans, mais les bandes brunes paroiffent à travers.

Figure 5. eft de la Claffe des *Eguilles.* On l'apelle *la petite tour à anneaux,* ou *à plis,* en latin *Turricula plicata.* La Coquille en eft affez épaiffe & fes Contours ont du haut en bas tout autour de fortes côtes aiguës par les bords au bout de chaque Contour, qui femble par cette raifon être denté là où il avance. La Couleur en eft un gris-cendré, quelquefois tirant un peu fur le brun. Une ligne noire fait autour de tous les Contours en haut le tour, mais elle eft interrompuë, ce qui la fait paroitre comme fi elle paffoit fous les côtes en partie. Au milieu il y a une large bande de couleur orangée & verte, qui fait en travers le tour du prémier contour.

Figure 6. n'eft là que pour préfenter l'embouchure de la Coquille précédente. Elle eft violette, & non feulement les bandes brunes paroiffent à travers, mais de plus la Couleur brune pénêtre le plus fouvent la coquille de part en part, & même affez fouvent cette couleur eft plus vivement marquée en dedans qu'en dehors.

Figure 7. eft de la Claffe des *Cylindres de Porcelaine,* dont il a été déja queftion à l'occafion de la prémiere Figure de cette Planche. Mais celle-ci eft de l'efpéce qu'on nomme *Dattes* à caufe que leur Diamétre eft à peu près par tout le même. Sa Couleur eft un brun vif avec bandes blanches, lorfqu'elle n'eft pas trop ufée. Le dedans eft blanc ayant un petit bord brun. La Coquille eft affez épaiffe, & ne court guères le rifque d'être brifée de quelle manière qu'on la faififfe.

PLANCHE XVI.

(*)Gien-Mufcheln. Ce font celles qu'on trouve le plus fouvent entrouvertes. En latin. *Chauca,* en hollandois *Gapers.*

Figure 1. On compte dans la Claffe des *Moules baillantes* (*) à côtez inégaux ces Coquilles larges, quarrées en biais que l'on nomme *petits bateaux.* Celle qui eft deffinée ici porte le nom d'*Arche de Noé.* (RUMPH, la met au nombre de celles qu'on apelle en latin *Pectines,* ou *Coquilles à peigne.* La Couleur en eft fauve ou brune, & fa ftructure eft particulière. Les deux Coquilles font ventruës & entre deux à la fermeture il y a une coupure platte & large en ligne droite qui tient les deux becs éloignez l'un de l'autre. On voit fur cette coupure platte des quarrez tirez l'un fur l'autre en lignes
brunes

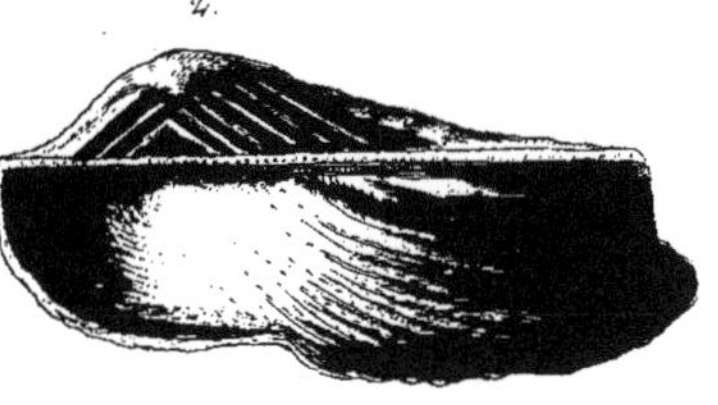

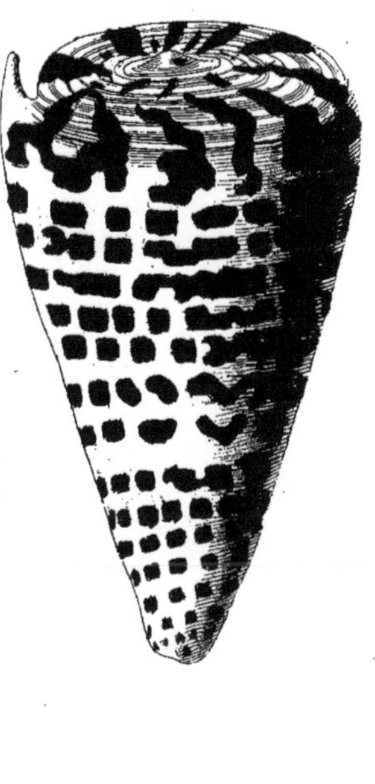

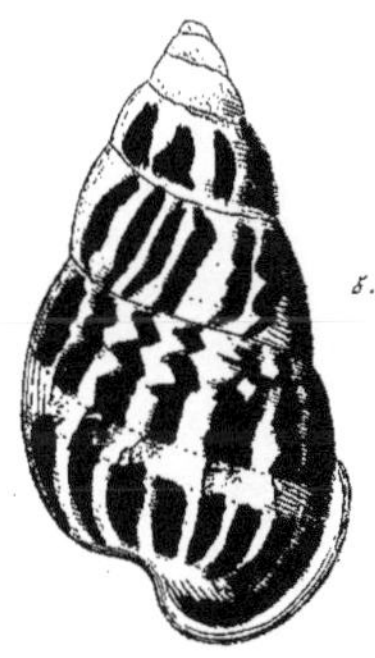

brunes un peu entaillées. Le quarré du milieu, qui eſt le plus petit, ſe trouve p'acé préciſement entre les deux becs. Quand on poſe le coté le plus mince en bas, la Platte a juſtement la même figure que ces dragons de papier que les Enfans ſont voler. De la fermeture en bas il y a quantité de côtes élevées de la groſſeur d'un fil épais qui s'éloignent peu à peu les unes des autres à meſure qu'elles avancent ſur la partie la plus longue de la coquille. Ces côtes ſont traverſées par des lignes plus minces, telles qu'un fil fort fin, ce qui forme preſque une eſpèce de réts de Chaſſeur. Au reſte les deux Coquilles ſont égales.

Figure 2. Nous préſentons ici la partie intérieure de l'une des deux Coquilles dont nous venons de parler, pour en prendre occaſion de faire remarquer aux amatéurs le bord ſupérieur tiré en ligne droite. Ce bord eſt denté très-finement d'un bout à l'autre, & quand on y paſſe le doigt, on diroit qu'on touche ſur la plus fine ſcie qu'on puiſſe faire d'un reſſort de montre. L'autre coquille a les mêmes dents, & quand on joint les coquilles, ces dents ſe ſerrent les unes dans les autres, & tiennent ainſi les deux Coquilles jointes enſemble.

Figure 3. Cette *Coquille en Cone* a toutes ſortes de noms. On l'apelle *Léopard, Cornet tigré à bandes d'orange, Cornet de l'Alphabet*, & toutes ces dénominations diverſes ne proviennent que de la différence des taches qu'on remarque ſur cette eſpèce de Coquilles. Quand les taches ſont grandes & figurent quelques Lettres Hebraïques on apelle cette Coquille le *Cornet de l'Alphabet Hebraïque.* Si le fond en eſt jaune comme du beurre, on la nomme *Coin de beurre.* Ces *Cornets* ſont garnis de deux, ou de trois bandes, & quelquefois de davantage, tantôt larges, & tantôt ne paroiſſent que comme des lignes jaunes. Quelques fois deux rangées de taches quarrées épaiſſes tiennent entre elles une rangée de petites taches. D'autres fois une ſeule rangée épaiſſe ſe trouve entre deux rangées minces. On en trouve auſſi, où toutes les taches ſont de grandeur égale, & ſe trouvent auſſi placées à diſtance égale l'une de l'autre. Toutes ſe reſſemblent en ceci, c'eſt que ces Coquilles ſont fortes & péſantes, quelles ont un fond blanc marqué de taches brunes & noirâtres en rangées, à travers lesquelles paſſent ici-& là des raies jaunes. Les Contours n'avancent point au déhors : au contraire chacun a au fond un bord un peu concave, comme une goutière.

Figure 4. eſt de la Claſſe d'*Eguilles.* Elle eſt d'une longueur conſiderable & belle à voir. Ses Contours ventrus s'élèvent en Piramide. Ils ſont mouchetez de blanc & de brun, & garnis de rayes. On y voit pluſieurs boſſes placées vis-à-vis l'une de l'autre. Le premier Contour placé en bas a différentes rides, qui aboutiſſent à l'embouchure. Cette embouchure eſt preſque toute d'un côté & a une babine épaiſſe friſée, qui au milieu de la partie inférieure ſe termine en un petit bec court, lequel ſe courbe en biais. Le dedans eſt blanc comme neige. On l'apelle l'*Eſcargot boſſu à vis*, en latin *Strombus anguloſus*, ou *la Vis de tambour raboteuſe.* (*)

(*)Rauhe Trommel-Schraube.

Figure

Figure 5. Ceci eſt une *Coquille Sabote* peu commune. Elles eſt de couleur de fleur de pommier, ſur laquelle on voit des flammes d'un rouge-foncé. Le prémier contour eſt garni d'une bande jaunâtre. La Coquille eſt
mince & brillante; d'ailleurs elle reſſemble aux autres Coquilles Sabotes,
à un ſeul article près, à l'égard duquel ſa Conformation en diffère, ce qui
rend celle-ci remarquable. Voici cette difference. Preſque tous les Escargots, quand on les tient devers ſoi de manière que l'embouchure ouverte ſoit vis-à-vis de l'oeil, ont généralement la bouche tournée à la droite
de l'obſervateur, & les Contours ſe courbent en tirant du côté de la main
gauche. Ici c'eſt préciſement l'opoſé. Car dans la même poſition cette
Coquille a l'embouchure du côté gauche, & les Contours tirent vers la
droite, ce qu'on voit très-rarement. Au reſte cette Embouchure a une
babine épaiſſe retrouſſée & eſt blanche en dedans. Une Coquille ſemblable porte le nom d'*Eſcargot-Xanxus.* (a)

(a)*Eſcar-
got-Xan-
xus,* c'eſt
le terme
chinois.

PLANCHE XVII.

Figure 1. On voit ici une eſpèce particuliére de *Caſque* garni de boſſes, qu'on nomme par cette raiſon le *Caſque raboteux.* Rumph donne à ces
Coquilles le nom de *Cochleæ globoſæ*, en hollandois *Belhoorns*, ou *Eſcargot à
grelots*, & alors on peut fort bien l'apeller *l'Eſcargot à grelots raboteux*, ou
l'Eſcargot à grelots garni de boſſettes. Là Coquille en eſt reguliérement ridée,
& marquée en travers d'anneaux, de rayes, ou d'entailles, qui vont toutes aboutir à côté près de l'embouchure contre une groſſe babine. Aprés
cela il y a cinq rangées régulières de boſſettes. Celles des trois rangées du
milieu s'élèvent perpendiculairement droit en haut. Celles de la rangée
la plus baſſe font un peu couchées, & celles de la rangée Supérieure s'in-
clinent auſſi vers les Contours, leſquels n'avancent guéres en dehors. La
Couleur eſt rouſſe, l'embouchure blanche & large.

Figure 2. On trouve des Coquilles, qu'on ne peut proprement mettre ni parmi les Eſcargots, ni parmi les Moules. Telles ſont les *oreilles de
Mer*, qu'on apelle auſſi *Moules de Nacre de perle.* On ne peut les regarder
comme Eſcargots, parce qu'elles n'ont pas un ſeul Contour entier, & on
ne peut les cenſer Moules, parcequ'elles n'ont qu'une Coquille, & point
de Couvercle. On ne laiſſe pas de les ranger dans la Claſſe des Eſcargots.

L'*oreille de Mer* repréſentée ici eſt de la plus belle eſpèce. On y trouve un petit veſtige de Contour, du centre duquel ſortent en demi-cercle
des rayes innombrables, qui groſſiſſent à meſure qu'elles s'avancent, &
couvrent toute la coquille. De l'autre côté de cette façon de contour on
voit des rides, qui paroiſſent partir de l'embouchure, & s'élèvent en haut
comme des ondes larges qui s'entrepouſſent vers le rivage. Ces Rides
forment des coupures ſur la Coquille, qui y forment une Courbure concave. Au bord extérieur du Contour on voit une rangée de points fort
brillans, qui reſſemblent à des yeux d'Inſectes, qui déviennent toujours
plus

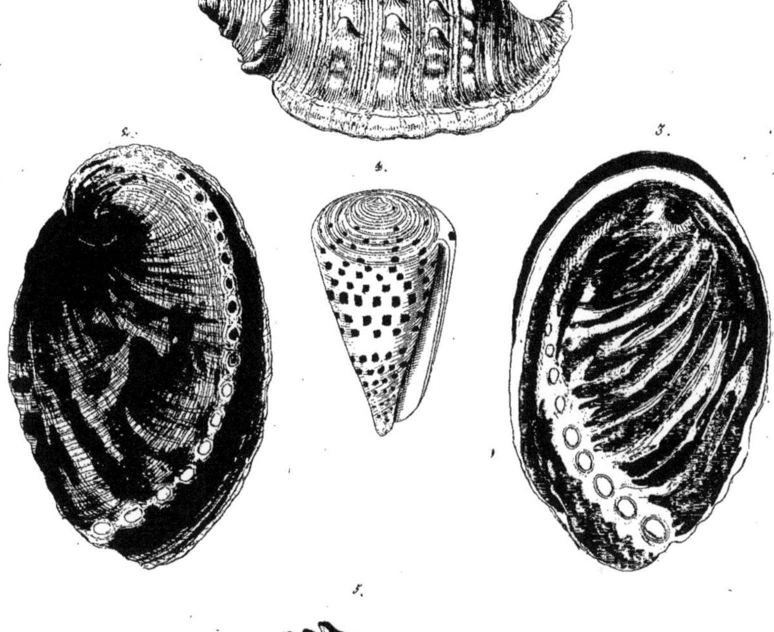

plus gros à méfure qu'ils s'aprochent du bas, & paroiffent enfin en boffettes, qui brillent comme des grains transparens. Ils paroiffent à la fin concaves & grands, & comme enchaffez dans du cuir, la partie du milieu
étant toujours la plus élevée autour de l'ouverture. Partant de là la Coquille fe replie tout d'un coup en un bord de la largeur d'un doigt, ce
qui eft caufe de l'extrémité élevée, qu'on voit en dedans à un des côtez
de la coquille.

Figure 3. En obfervant cette Coquille de l'autre coté on voit encore
plus diftinétement, que le Contour apparent n'eft qu'une petite cavité,
qui va un peu en biais & fert à l'animal pour fe tenir ferme. Les Points
& boffettes qu'on voit au dehors, font, quand on les confidère au dedans,
concaves jufques à la moitié, où elles s'enfoncent & forment les trous dé-
crits cy - deffus. On trouve quelquefois dans cette rangée des perles pré-
cieufes, & l'Huitre habitante de la Coquille tire l'eau ou la rejette par les
trous, quand elle s'eft fortement attachée foit fur le Sable foit contre un
rocher. La Coquille même n'eft pas trop épaiffe, mais fa couleur, foit
dedans foit dehors, eft fi belle, qu'il n'eft prefque pas poffible d'en donner une idée jufte: Comme toute la moule eft de nacre de Perle, elle a
un brillant extraordinairement magnîfique. On y voit éclater tour-à-tour,
& en changeant, un Verd celadon gai & foncé, qui tombe en fuite dans un
rouge ardent, tantôt ponceau tantôt clair. Cette Coquille eft toute platte d'un coté, mais de l'autre elle a un bord élevé, large d'un doigt,
qui fe replie de nouveau par une Courbure reffemblante à un gros
ourlet.

Figure 4. eft un *Efcargot en cone,* dont les Contours ne font point élevez. La Coquille en eft blanche, épaiffe, & a le brillant de la Porcelaine.
Elle dévient un peu rougeâtre au fond des Contours, & eft garnie tout
autour de taches quarrées brunes ou noirâtres régulièrement diftribuées
en rangées. On l'apelle le *Cornet tigré blanc & noir,* ou le *Livret de l'A. B. C.* (a)&c.
On la met au nombre des *Coins de beurre blancs.*

(a)A.B.C.
Büchel-
gen.

Figure 5. Nous avons vû au haut de cette planche un *Cafque à boffettes.*
En voici un *à pointes* ou *à aiguillons.* Les Hollandois l'apellent *Schildpadde-
Starten,* c'eft à dire *Queuës de tortuës,* en allemand *Schildkroeten-Schwänze,* ou
auffi *Bette-tyk;* c'eft à dire *Fourrure de Lit rayée,* en allemand *geftreift Bett-
Zeug.* De tous ces noms on pourroit compofer célui-ci: le *Cafque à doubles aiguillons en fourrure de lit rayée.* Celui-ci a en bas une rangée & en
haut deux aiguillons obtus, qui fortent de la hauteur d'un quart de pouce. Les Contours, qui ne font guères élevez, font tellement au large l'un
dans l'autre, qu'on peut voir fort avant, entre deux la Continuation des
aiguillons. La Coquille eft épaiffe & péfante, d'un brun-rougeâtre, garnie
de bandes blanches étroites, fur quelques unes des quelles les aiguillons
font pofez. Au dedans elle eft blanche comme de la chaux.

E

PLAN-

PLANCHE XVIII.

Figure *1.* apartient à l'efpéce des *Agate-Bakken* unies & brillantes, ou des *Cylindres*, ou des *Porcelaines*. Elle eft connuë fous le nom d'*Efcargot aux nuées*. Elle eft brunâtre, & marquée de nuées blanches. Il y a en travers des rayes, les quelles font fi fines qu'on a peine à reconnoître à la vûë les entailles que ces rayes forment, mais on peut s'en convaincre par l'attouchement. Le dedans eft rougeâtre. Les Contours paroiffent être par en haut un peu au large les uns dans les autres, puis qu'on peut paffer par tout une tête d'épingle dans l'efpace qui eft entredeux.

Figure 2. eft une charmante petite *Coquille à rayons*, qu'on apelle la *Coquille d'Orange*. Elle eft en dedans d'un rouge-brun, & en l'obfervant à travers vis-à-vis d'une lumière, elle paroit être d'un rouge ardent, ou couleur de feu. Les Côtes en font unies, cependant on y voit des lignes fines tout du long dans les fillons.

Figure 3. eft une belle repréfentation d'une jolie *Moule en forme de cœur*. Elle eft de celles dont les côtez font parfaitement égaux, & qui font également ventruës de part & d'autre, c'eft à dire dont une coquille eft faite comme l'autre. Ce qu'il y a de plus remarquable, c'eft que les becs fe touchent, ce qu'on ne trouve pas à toutes les autres Moules de cette Claffe. Les Coquilles en font blanches, minces, rayées, & un peu ridées, ce qui cependant ne paroit pas beaucoup. Les becs, qui font précifément au milieu, fe retournent fubitement en pointe, & fe courbent fort, ce qui forme des deux cotez un enfoncement fur la Surface exterieure, autour duquel les côtes fe recourbent avec égalité. Les Coquilles fe joignent admirablement l'une dans l'autre. Cette Moule a encore une autre figure fort difficile à décrire, car les Coquilles fe feparent tout autrement qu'à d'autres moules à deux coquilles, vû que l'ouverture va droit à travers de la Surface. Cette Surface eft en effet presque platte, & celle de l'autre côté eft beaucoup plus voutée, & même un peu en pointe, de manière qu'il y a ici pour ainfi dire trois côtez, fçavoir celui qui paroit ici fur la Planche, & deux à la partie poftérieure.

Figure 4. eft pareillement une *Moule en cœur*, avec cette feule difference, que la Coquille de celle-ci eft un peu plus épaiffe, grife de couleur, & un peu plus ridée fur fon élevation.

Figure 5. Comme cet Efcargot par fa babine avancée a de la reffemblance avec cette petite voile, qui eft attachée au Gouvernail des vaiffeaux, ou au mât d'artimon, on l'apelle *Voile d'artimon*, en latin *Epidromis* (*). La coquille en eft unie, brillante, épaiffe, en particulier fa babine, où la levre de l'ouverture fe termine en un gros bourrelet, qui a l'éclat de la nacre. Les Contours s'élevent en haut en forme d'une petite Tour, qui finit en pointe, A l'égard de la couleur le fond en eft jaune-pâle marqueté tout au long en defcendant de rayes crochuës ou ferpentines. En avançant vers

(*) en allemand *Befans-Segel.*

le

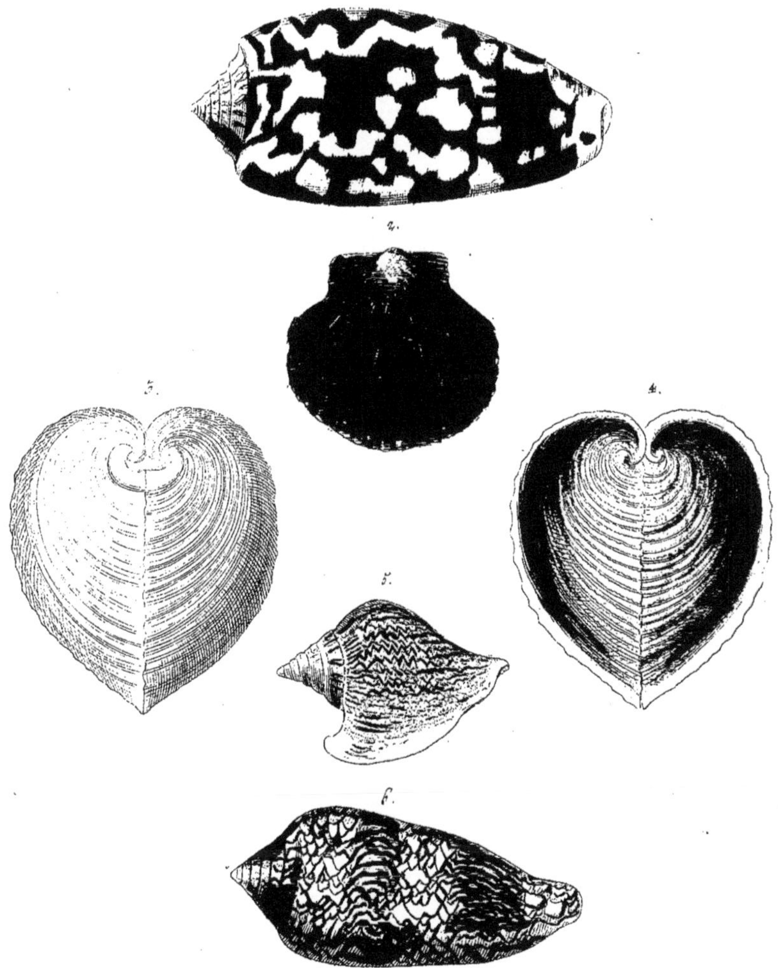

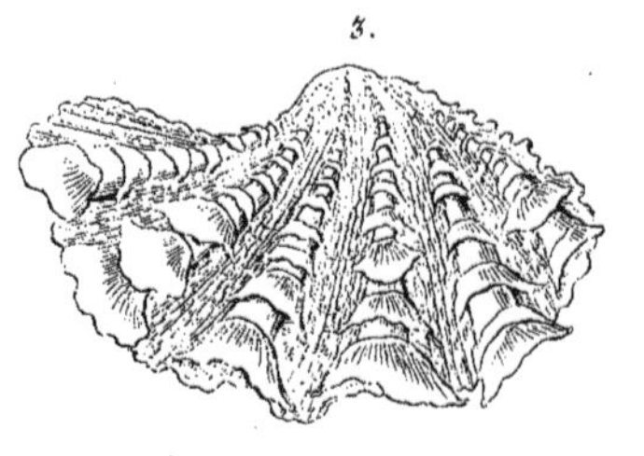

1.

4.

5.

2.

3.

le premier Contour ces rayes paroiſſent plus droites, plus larges, & plus groſſes. Au côté inférieur & au dedans la Coquille dévient blanchâtre ou d'une couleur d'argent brillante.

Figure 6. Le *Barroir de Tonnelier marbré d'Orange,* que l'on voit ici, eſt un très-bel Eſcargot en *cornet à coquille épaiſſe.* Le fond en eſt couleur d'orange, ſur lequel on voit tout le long des rayes d'un brun foncé, qui deſcendent en ſerpentant. Cà & là on aperçoit des taches blanches, & le plus ſouvent en haut & au milieu une raye blanchâtre. Quand ces rayes blanches ſont coupées ré- guliérement en bandes, on range cette coquille au rang de celles, qui par- mi les *Barroirs de Tonnelier* portent le nom d'*Amiral,* ou celui de *Vice-Ami- ral* (*). Quelques curieux l'apellent auſſi *Achaat-Toot,* ou *Cornet d'Agate.*

PLANCHE XIX.

Figure 1. Nous avons préſenté cy-deſſus à la Planche VI. Figure f. une *Coquille* bleuë *en aſſiette à cotez inégaux,* & ici nous en voyons une rou- geâtre de la méme eſpéce *à cotez égaux,* à laquelle on donne auſſi le nom de *Rayon du Soleil,* ayant en effet toutes les mémes proprietez de l'autre.

Figure 2. eſt une *Coquille à rayons* très-fine, *à oreilles inégales;* les côtes en ſont preſque unies, & pourtant un peu entaillées par des rayes ſubti- les. Le fond eſt de couleur cendrée, entremélée de rouge-pâle, ou clair, & divers arcs d'un rouge foncé couvrent preſque toute la coquille. Ces arcs paroiſſent tous être un peu retirez vers le milieu par des Cordons comme un rideau de fenétre, & ſont tous marquez de petits points ou ta- ches blanches, qui y ſemblent par fois répandues, comme de petits grains de ſel.

Figure 3. La plûpart des *Moules de mer à côtez inégaux* ſont un peu tirées en biais, ayant de fortes côtes, dont les partiesſont enchaſſées les unes dans les autres par un tour incomparablement vif & hardi. Celle qui eſt re- préſentée ici eſt d'un blanc tirant en jaune, la Coquille en eſt épaiſſe, & blanche par dedans. Les côtes ou rayons en ſont fort élevez, & on y voit en travers de groſſes écailles concaves & relevées, ce qui les fait auſſi apeller des *moules à écailles* & comme ces écailles reſſemblent aux ongles de l'homme, on les nomme quelques fois *Moules à ongles.* On en trouve de cette eſpéce dont une Coquille ſeule péſe plus de deux, & aſſez ſouvent juſ- ques à trois Quintaux. Et comme on a préſumé, vû cette énorme groſſeur, que ces Moules dévoient étre très-anciennes & tirer leur origine du tems de Noé, on leur a auſſi donné le nom de *Moules du Père Noé.*

Figure 4. Ceci repréſente un *Eſcargot formé en figue.* On n'y peut diſtin- guer que deux, ou tout au plus trois Contours, qui ne ſortent preſque point. Le prémier eſt fort ventru & ſe termine en Col oblong. On aper- çoit ſur la Coquille des petits cercles fins, qui vont en travers & tout du long il y a ſur le milieu du prémier Contour un Sillon un peu large, mais peu profond. La Couleur en eſt jaunâtre. Toute la Surface de l'Eſ- cargot eſt marquetée de taches, rayes, & petits points rougeâtres. La

E 2

Coquil-

36

Coquille en eſt aſſez mince, & l'Embouchure large. Cette derniére eſt en dedans d'abord blanche, puis griſe, un peu plus avant brune, & enfin rougeâtre. On l'apelle encore le *Lut*, la *Retorte*, le *flaccon de Mer*, mais le plus ſouvent *la Figue.*

Figure 5. On compte auſſi cet Eſcargot parmi les *Figues de mer*, quoique celle-ci diffère de la précedente en ce qu'elle eſt moins oblongue. Rumph l'apelle *Rapa*, en Hollandois *Knol* ou *Rave ronde*, cependant il range cet Eſcargot & le précedent dans la Claſſe des Eſcargots à boule, ou en globe. Celui-ci diffère encore de l'autre en ce qu'il eſt uni, qu'il a un plus grand nombre de Contours, le Col plus court, & l'embouchure plus large. Les Contours ſont plus tournez en dedans qu'élevez en dehors. La couleur de celui-ci eſt jaunâtre, ou couleur de chair; il a un Col rougeâtre, qui ſemble avoir été tordu par force, & cela à en juger par des rayes qu'on peut diſtinguer par l'attouchement. Ce cou paroit rompu. On peut nommer cet Eſcargot le *Flaccon de mer*, & le mettre au rang des *Eſcargots à nombril.* Au dedans la Coquille eſt rougeâtre & ſemblable à celle que nous venons de décrire fig. 4.

PLANCHE XX.

Figure 1. Entre les *Coquilles Sabotes* & les Eſcargots, ſurnommez *Eguilles*, il y en a encore une autre eſpéce, dont le prémier Contour eſt ventru comme aux *Coquilles Sabotes*, & tous les autres ſortent comme aux Eguilles, & l'on y remarque une Embouchure longue & étroite, qui ſe termine en un bec court. On l'apelle *Fuſeau.* Tel eſt l'Eſcargot repréſenté ici ſous la Figure 1. & celui-ci eſt de ceux qu'on nomme *Fuſeau court.* Quand à ſa conformation, on voit que les Contours ont au bord des boſſes ou élevations obtuſes, plus plattes au prémier Contour qu'aux autres. Après cela toute la Coquille eſt ridée ou garnie d'un bout à l'autre de Cercles élevez, qui vont en travers, & entre leſquels il y a autant de Sillons de la même profondeur, tout comme ſi cette Coquille étoit envelopée de loin à loin d'un gros fil. Elle eſt en bas d'un brun-foncé, & en haut vers les petits Contours ce brun-foncé devient brun tirant ſur le brun clair. Une bande blanche entoure tous les Contours, au milieu de laquelle on voit un petit Cercle brun aſſez large. Cette bande blanche pénètre la Coquille, & on peut la voir en dedans par l'embouchure. D'ailleurs toute l'embouchure eſt d'un brun-clair.

Figure 2. Parmi les Eſcargots à une Coquille on en trouve une eſpéce platte & concave, à qui ſa figure a fait donner le nom de *petit Plat* (*) ou *petite Jatte.* Rumph l'apelle en latin *Lepas* ou *Patella.* On les nomme ordinairement *Succeur de rocher* (*) parceque cet animal s'attache en ſuççant aux rochers de façon que ſa coquille le couvre parfaitement & cela avec tant de force, qu'on ne peut l'en détacher qu'avec un fer en briſant la coquille. Ces Animaux ne changent jamais de place, & quand on les a arrachez de celle

(*)*Schüſ-ſelgen.*

(*) *Klip-kleber.*

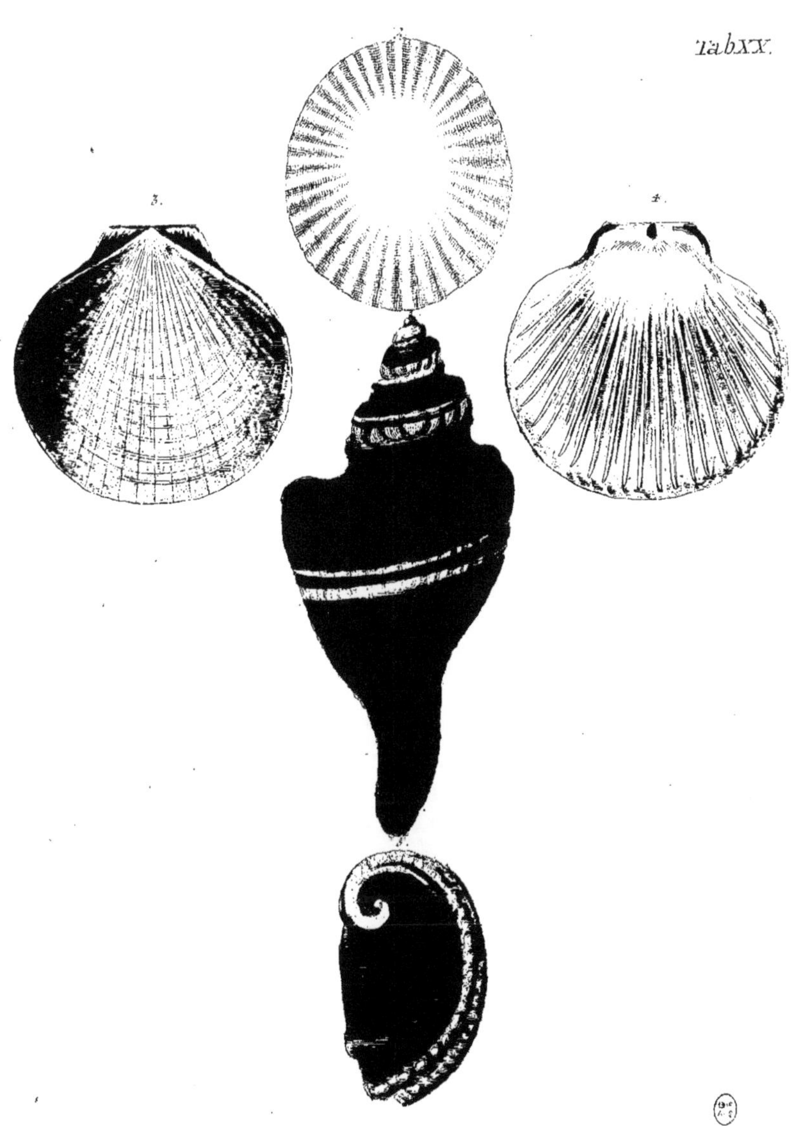

tab XX.
3.
4.

le qu'ils avoient choisie, on trouve une tache chauve là où ils s'étoient attachez au rocher. Il y en a une grande quantité diverfifiée par la figure, par la grandeur, & par la couleur. Celle-ci eft un rond oblong, à un bord uni, eft fermée au milieu fans ouverture. La Concavité a un demi-pouce de profondeur. Le dedans eft brillant & de couleur jaune, qui dévient peu-à-peu blanche vers le fond.

Cette Coquille a tout-au-tour en dehors des côtes élevées, dont la troi-fième ou quatrième eft toujours un peu plus haute que celles qui fe trou-vent entredeux. Ces côtes partent de la pointe ronde, qui eft un peu ti-rée vers le côté, comme des rayons, & font un peu grainées fur leur élevation. Elles paroiffent en dedans à travers la couleur blanche, quoique la Coquille foit intérieurement unie, de forte qu'on n'y voit aucun enfonce-ment, non obftant les Coquilles extérieures. La chair de la plûpart de ces Efcargots eft bonne à manger; on les grille fur leur propre Coquille. Quelques uns ont dans leur chair un os fort aigu.

Figure 3. Nous voyons dans cette figure une *Coquille à rayons* peu élevée mais fort fine, qui apartient à celles qu'on nomme proprement *Coquilles à bouffole,* ou *Doublets de la Lune.* Cette Coquille, qui n'eft en effet que le Couvercle de la Moule à bouffole, eft unie, rougeâtre & a des rayons cou-leur de fleur de pomme, avec des lignes noires qui paroiffent à travers, & qui partant en haut du centre, vont toujours en s'élargiffant, comme aux Cadrans Solaires.

Il y a en travers de petites rayes noires & fines, qui font ordinaire-ment deux à deux. Cette Coquille paroît d'une grande beauté, quand on la confidére à travers vis-à-vis d'une lumiére.

Figure 4. La Coquille inférieure & ventrue de la Moule précedente ref-femble à de l'Yvoire couvert d'un brillant de Nacre de perle, & ce qu'il y a de plus remarquable, c'eft que les côtes, qu'on y voit & qui paroiffent auffi en dedans au couvercle, ne font point formées en fillons dans l'inté-rieur de la Coquille, comme aux autres Coquilles à rayons, mais élevées, & qu'elles fe terminent en bouts obtus en deça du bord, de forte qu'elles n'aportent aucun empéchement à ce que les Coquilles fe joignent. Ces côtes font fines & paroiffent couchées dans la Coquille, comme des fils d'argent-trait.

Figure 5. Les *Oreilles de Mer* de l'efpéce de celles, qui ne déviennent jamais fort grandes, & qui reftent toutes petites, ou ne furpaffent que très-rarement la hauteur d'un pouce, font ordinairement jolies, nettes, & mignonnes. Telle eft celle que cette figure repréfente. Sa Couleur eft un rouge de Cinabre à travers lequel paroit par des Ouvertures un brillant femblable à celui de la Nacre. L'anneau large où l'on voit tout du long ces ouvertures ou trous, eft fort élevée & plat, & a de deux cotez deux bordures encore plus élevées. De là le fond defcend vers le Contour en plis élégans, dont le nombre marque ou prouve, pour ainfi dire, les années de la Coquille. Le dedans reffemble à l'argent le plus pur & en a l'éclat;

le

le rouge extérieur qu' on voit ici n' étant qu'une peau rude à la verité, mais jolie, & comme couchée fur la Coquille, qui brille comme la nacre, & qu'on y laiffe à caufe de l'agrément, qu'elle y donne. Quelques Amateurs apellent cette Coquille l' *Oreille de Nacre de Perle.*

PLANCHE XXI.

Figure 1. LES *Succeurs de Rocher* font marquez de tant de façon diverfes, & parmi ceux qui n'apartiennent qu'à la méme efpece il y a tant de variations, que l'Oeil, qui les obferve, n'a jamais fait. Car il ne fuffit pas d'y obferver, fi la Coquille en eft élevée ou platte? pointuë, ou ventruë en rond? angulaire, dentée, étroite, ronde, ou ovale? avec ou fans trou? fi le trou eft au milieu, ou à l'une des extrémitez? fi elle eft garnie de côtes, ou fi elle eft unie? fi elle eft ridée, à foffettes grainées, à layettes, rayée, &c? fi la Couleur en eft rouge, blanche, bleuë, verte, jaune &c? il faut encore faire une nouvelle attention aux differences infinies de la Conformation. Quelques unes de ces Coquilles font oblongues & très étroites; d'autres ont à un côté un bec courbe, comme s'il y avoit une fermeture, comme aux *Moules à deux Coquilles,* & cela a donné auffi occafion aux dénominations differentes. On apelle les étroites des *Couvercles de Bourrelet* ; (a) celles qui ont une fermeture, portent le nom de *Jatte à lait* (b) ou *Coquille de Noix* (c); on les apelle auffi en Hollandois ORAMIES, ou *Coiffure de Poiffonniere* (d), ou *Bonnet de Matelot* (e), *Marotte*, (f) &c.

La Moule en plat (g), ou le *Succeur de rocher,* que nous voyons repréfentée ici, reffemble parfaitement à l'écaille de Tortue, quand on l'examine à travers, vis-à-vis d'une lumiére. Cette Coquille eft prefque ronde, peu élevée, & a une voûte à peu près platte & ronde, fans trou, à la place duquel on ne voit qu'une tache blanche tirée d'un côté. En dedans fa couleur eft blanche tirant fur le bleuâtre, comme du papier de pofte de France. On peut apercevoir à travers la Couleur brune & les taches.

Figure 2. eft une Huitre difforme, ou *Doublet de rocher* (h) que quelques uns, eu égard à la quantité de fes rides, apellent la *Vieille femme bâtarde.* Elle eft jaune, & quelquefois on en trouve des rougeâtres. La Coquille eft épaiffe & blanche en dedans.

Figure 3. Nous avons déja eu occafion de remarquer, que l'on donne à cette efpéce d'Efcargots divers noms, comme *Cornes à bouche ronde* (i), *Cruches à huile,* (k) *Efcargots nageans* (l), *Efcargots limoneux* (m) &c. On décrit celle qui eft repréfentée ici en l'apellant l'*Efcargot limoneux brun à bandes blanches,* & il fuffira d'y remarquer, que la raye blanche, qui borde tout le tour de l'embouchure, eft un bourrelet élevé. Au refte la coquille n'eft pas épaiffe & blanche en dedans.

Figure 4. On trouve auffi parmi les moules des *Marottes* ou *bonnets de Fou* (n), & même des *Simples* & des *doubles.* Les *Simples* peuvent étre mifes au rang de celles qu'on nomme *Coquilles en plat* (o) ou *Succeurs de rochers* (p), mais

(a) Schwülen-Deckel, en latin *Opercula callorum.*
(b) Milch-Napfen.
(c) Nuff-Schalen,
(d) Fifch-Weiber-Haube.
(e) Matrofen-Mütze.
(f) Narren-kappe.
(g) Schüffel-Mufchel.
(h) Fels-Dublet.
(i) en allemand Mond-hoerner.
(k) Oel-Krüge.
(l) Schwimm-Schnecken.
(m) Schlamm-Schnecken.
(n) Narren-Kappen.
(o) Schüffel-Mufcheln.
(p) Klipp-Kleber.

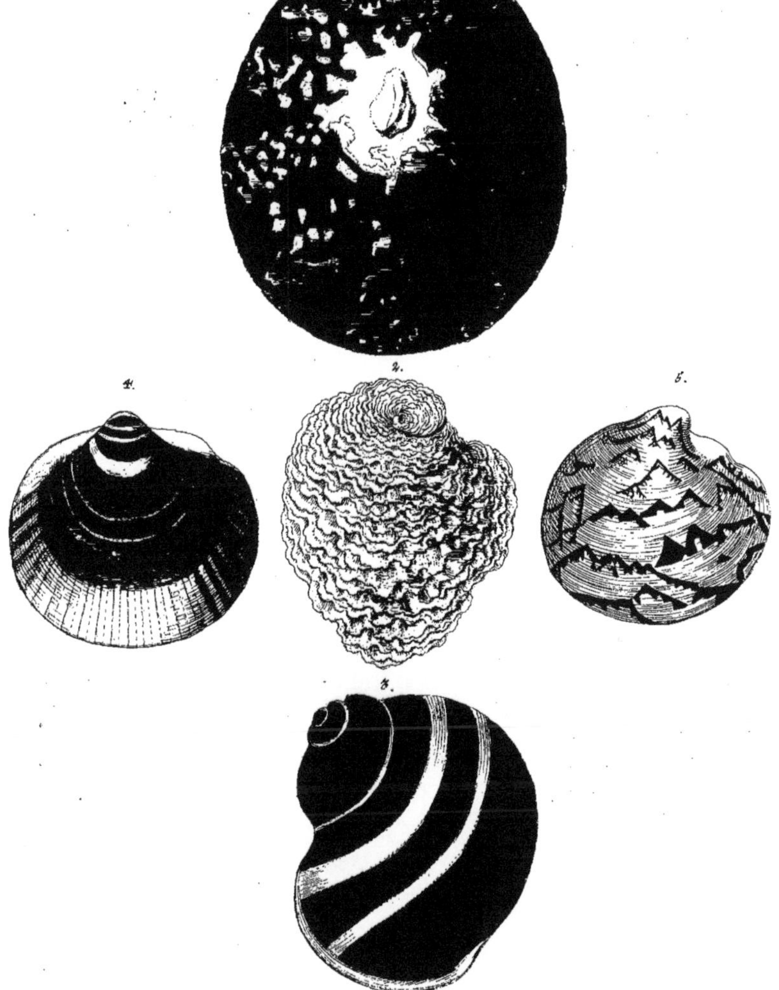

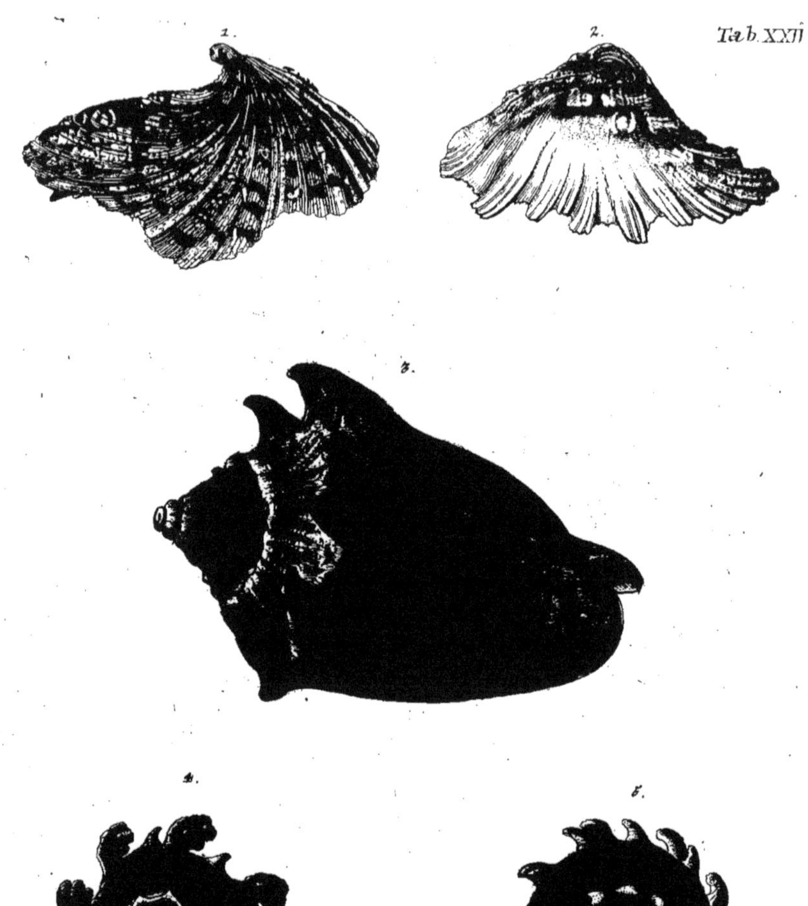

mais les *doubles* apartiennent à la Claſſe des *Eſcargots* ou *Huitres à deux Coquilles.* Elles varient à l'égard de la configuration, comme à l'égard des couleurs. La veritable *Marotte double* eſt de la ſorte, à laquelle on donne le nom de *Coquilles en cœur de boeuf* (a).

Cette *Figure 4.* nous préſente une très-belle *Marotte double bâtarde* à bandes de diverſes couleurs. Les rayes, qu'on y voit depuis la fermeture jusques au bord, ſont un peu entaillées: mais les bandes noires, qui vont en travers, ſont unies, & on peut les voir en dedans en les tenant au jour. L'autre Coquille eſt faite tout de méme.

Figure 5. Ceci eſt la charmante Coquille, que R u m p h apelle en latin C h a m m a l i t t e r a t a r o t u n d a, ou la *Coquille baillante ronde à Lettres* (b), autrement le *Doublet tricoté bâtard*, qu'on nomme auſſi la *Coquille à Lettres de la Côte de Xulam.* La Couleur en eſt blanchâtre & a des rayes en travers entaillées très-finement. Au deſſus on voit des lignes d'un brun-foncé formées en équerre, qui ont de petites dents au côté intérieur, où les deux parties de l'équerre ſe regardent. Ces équerres ſont diſtribuées très-irrégulièrement, & de grandeur diverſe. Cette coquille diffère d'une autre de la méme eſpèce en ce qu'ici il y a en dedans des dents fines aux équerres, au lieu qu'à l'autre il ſemble que les Equerres ayent été marquées en groſſes lignes, ſur leſquelles on auroit paſſé par mégarde la manche avant qu'elles fuſſent ſeches, tirant du dehors en dedans. Au reſte la Coquille eſt très-épaiſſe & forte, & tout au moins plus épaiſſe qu'à celle qu'on nomme en latin *Chamma litterata oblonga.* Le dedans eſt blanc comme neige.

Il ne faut pas confondre cette Coquille avec une autre, qui lui reſſemble à peu près, & que R u m p h nomme en latin C h a m m a o p t i c a, ou *Coquille à Perſpective*, qu'on apelle auſſi, quand elle eſt bien belle, *le Camp Turc* (c): Car cette Coquille à Perſpective a plus du double de l'épaiſſeur de celle qui eſt repréſentée ici, elle eſt régulière à tous égards, elle n'a ni anneaux ni entailles en travers, & eſt au contraire unie par dehors comme de la Porcelaine.

P L A N C H E XXII.

Figure 1. Cette Figure repréſente une eſpèce de *Coquille à rayons* qu'on range dans la Claſſe des *Coquilles formées en aſſiette*, quoique celle-ci diffère de celles qui portent proprement ce nom, en ce qu'elle eſt plus ventruë & beaucoup plus épaiſſe. Celle-ci a une courbure hardie & des ornemens, qui la font aſſez reſſembler à ces feuillages ou rinceaux qu'on voit ſur les Eſtampes, qui nous viennent de France. On l'apelle *Pied de Cheval.* Cette Coquille n'eſt rien moins que fine, mais elle eſt épaiſſe, & a des Coquilles très-fortes & élevées, qui s'étendent en arc, & s'éloignent les unes des autres a méſure qu'elles s'avancent vers le bord. Entre ces côtes on en voit de plus étroites & plus baſſes, qui ſe terminent à un bord très inégal.

(a) Ochſen Herz-Muſcheln.

(b) Die runde Buchſtaben-Gähn-Muſchel.

(c) Das Türkiſche Lager.

gal. La Couleur extérieure eſt un blanc jaunâtre tout garni de rouge-
foncé. Le dedans reſſemble à de la craye qu'on auroit raclée. Le bec
ſort par en haut avec un col recourbé, & quand on joint les deux coquilles, l'un des deux côtez, qui paroit coupé, repréſente un cœur.

Figure 2. Nous pouvons dire la même choſe du *pied de cheval*, que la
ſeconde Figure de cette Planche repréſente, car cette Coquille n'eſt proprement qu'une façon differente en la conſiderant vis-à-vis de l'autre, de
laquelle elle diffère en ce que ſon bec n'eſt point tourné en dehors, mais ſe
recourbe en dedans, ſans être fort épais; après cela ce bord eſt plus courbé en ondes, de ſorte qu'on peut voir en dedans, comment les côtes, qui
avancent ici beaucoup plus qu'a la précedente, ſe terminent. Sur le bord
interieur du coté de la fermeture en deſcendant on aperçoit encore une
raye jaune, qui eſt un bourrelet élevé, lequel ſe retourne en ligne Spirale
dans une cavité oblongue, laquelle eſt à l'autre côté de la coquille, & y
forme la fermeture.

Figure 3. Parmi les *Eſcargots formez en poire,* tels qu'eſt celui-ci, il y en
a, qui ſont marquez tout autour de lignes angulaires diſtribuées ſans ordre,
& qui ont de groſſes pointes ou aiguillons immédiatement au deſſous des
Contours. On les nomme *Chauve-Souris* ſoit à cauſe de ces lignes angulaires, qui ſemblent voltiger ſur la Coquille, ſoit parceque la Coquille méme a quelque reſſemblance avec les ailes de la Chauve-Souris. Nous l'a-
vons déjà dit une fois ; une imagination vive a le plus de part aux differentes dénominations, qu'on affecte à nos Coquilles. Il y a nombre d'eſpèces de ces *Chauve-ſouris;* des blanchâtres, des jaunes, des rougeâtres, des
griſes, des noirâtres, &c. Les unes ont des aiguillons obtus; d'autres les ont
tellement pointus, qu'on s'y pique comme à une épingle. Celle-ci eſt
brune tirant ſur le jaune & a des taches foncées. Elles ſont brillantes, ont
une Coquille épaiſſe, blanche au dedans avec un bord brun ou jaune à
l'embouchure, dans laquelle on voit trois ou quatre côtes élevées ou bourrelets, qui ſe retournent au Contour, & s'avancent dans l'intérieur de la
Coquille. Rumph met celle-ci au nombre de celles qu'il apelle en latin
Voluta, parce qu'elle n'a point de Couvercle.

Figure 4. Nous voyons ici un *Eſcargot formé en fromage,* qui eu égard à
ſes Contours reſſemble aſſez à un *petit Cornet de Poſtillon.* De forts crocs ſortent du bord du prémier Contour, qui ſemblent à des lambeaux roulez enſemble, & ſont intérieurement caves. D'ailleurs tout le tour eſt cerclé,
& ces Cercles ſont pleins de grains; on en trouve des rouges, comme celui-ci; mais il y en a auſſi, qui ſont blancs, gris, & couleur de Nacre.
Cette dernière a ordinairement un enduit de chaux blanche, ſemblable au
plâtre. Cet Eſcargot a toute ſorte de noms. Le Lecteur pourra choiſir
celui, qui lui plaira le mieux parmi ceux-ci: *Eſcargot à lambeaux* (a) en hollandois Lobbetie, *le petit Homme barbu* (b), *la Lampe de Pagode,* (c) *le Cor
de Chaſſe ailé* (d) *le grand éperon,* (e) *le Collet* (f) &c.

(a) Lappen-
Schnecke.
(b) Bart-
Mænngen.
(c) Pagoden-
Lampe.
(d) Das ge-
flügelte
Waldhorn.
(e) Der grof-
ſe Sporn.
(f) Der Kra-
gen.

Figure

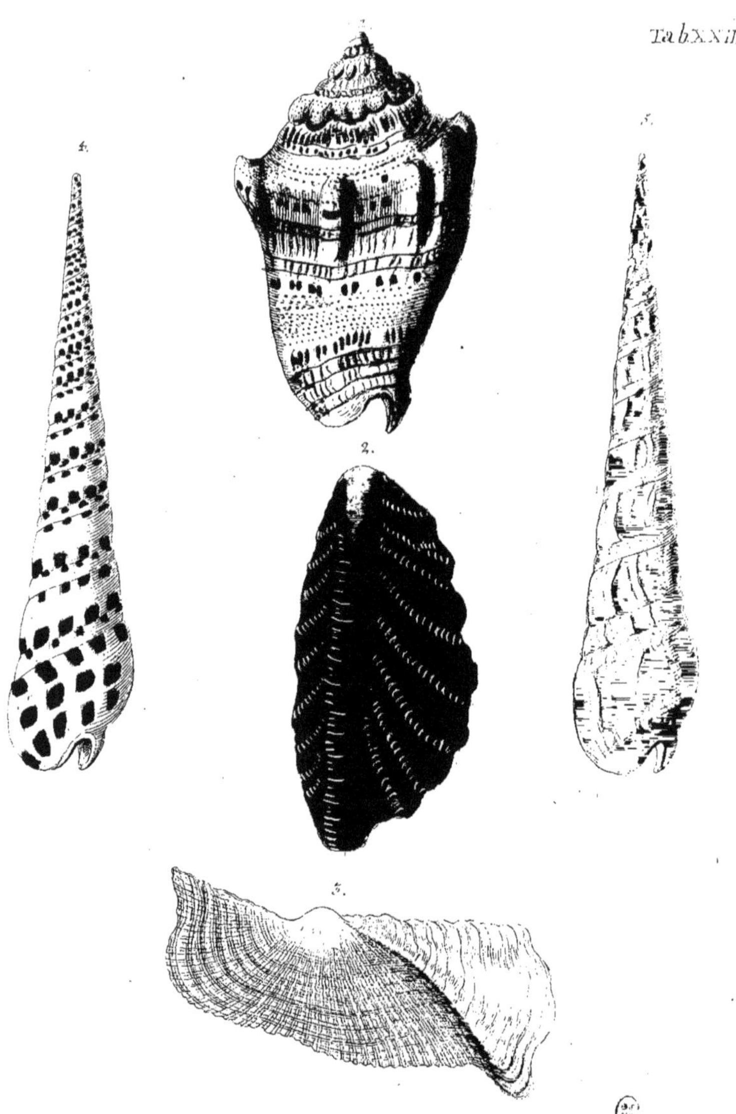

Tab.XXIII.

Figure 5. On voit ici la partie inférieure du méme Efcargot, que nous venons de décrire. Tout ce qu' il y a à obferver de plus à cette Coquille, c'eft que l'embouchure frifée brille comme de la nacre de perle, enfuite les petites côtes qui vont en rond & font garnies de petits noeuds, & enfin le grand trou umbilical, qui s'enfonce dans l'Efcargot au milieu en perfpective.

PLANCHE XXIII.

*F*igure *1.* Voici une autre *Coquille formée en poire*, qu'on apelle la *Mufique fauvage*. Elle apartient à la Claffe des *Coquilles notées*, mais on lui donne l'autre nom, parceque les lignes n'y font pas rangées bien régulièrement, & que les petits points noirs, qui repréfentent les notes fur les Lignes, ne font pas affez féparez les uns des autres. Car on trouve d'autres *Coquilles notées*, où l'on voit formellent deux & quelques fois trois rangées, chacune de cinq ou fix lignes fort nettes, fur lesquelles on aperçoit les notes fi diftinctément, qu'on diroit que cela eft tracé avec la plume. La Coquille ici eft fort épaiffe, & jaunâtre avec une embouchure de même couleur, & là où le Contour inférieur rentre dans l'Efcargot, on aperçoit des côtes minces, comme un gros fil. En haut les Contours ont auffi des côtes, mais qui fe perdent en defcendant & ne paroiffent en haut que comme des boffettes ou élevations obtufes.

Figure 2. eft une Huitre, à laquelle fa configuration particulière a fait donner le nom de *feuille de Laurier*. On l'apelle en latin OSTREUM CRATIUM. Il y a au milieu de la Coquille une côte large, d'où partent des deux cotez des rayons élevez, qui forment un bord à pans. Elle n'eft pas fort épaiffe, & celle-ci eft belle, parce qu'elle eft couleur de pourpre, au lieu que communement celles de cette Claffe font grifes. Sa reffemblance avec une feuille de Laurier n'eft pas la feule raifon, pour laquelle on l'a apellée ainfi, mais auffi parce que cet animal a coutume de s'attacher fermement aux Cannes & rofeaux marins même hors de l'eau, de même qu' aux arbriffeaux qui croiffent au rivage, de façon que de loin il femble que c'en eft une *feuille*, ce qui leur fait encore donner le nom de *Moules pinçantes*, (a) ou *Moules de feuilles* (b).

(a) Kneip-Mufcheln.
(b) Fichten-Mufcheln.

Figure 3. Cette huitre eft *l'Arche de Noé tournée, torfe*, ou *tortueufe* (c), en latin OSTREUM TORTUOSUM, qui d'un côté eft tordue de façon, qu'elle forme trois faces. La Coquille en eft mince, en dehors grife, en dedans jaunâtre, blanche & reffemblante à de la chaux, ou à de la craye fur laquelle on auroit laiffé tomber de l'huile. Sa partie extérieure eft pleine de côtes fines, qui font garnies de très petites boffettes ou écailles. Ces côtes font toutes tirées en biais, & fuivent la courbure de la Coquille. En travers on aperçoit quantité de lignes entaillées, qui coupent les côtes, les-

(c) Die gedrehete Noahs-Arcke.

F

quel-

quelles avec les rayes font toutes vifibles en dedans, & forment des cavitez quarrées, comme celles d'un gauffrier.

Figure 4. Nous voyons fur cette Planche deux *Efcargots à vis,* ou *éguilles* d'une très-grande beauté. Ces Coquilles ne font pas d'un petit ornement dans un Cabinet, lorfqu'elles ne font pas endommagées, c'eft à dire,
quand les pointes font entieres, & les Couleurs bien confervées. Lors
qu'elles font bien longues & étroites & que les prémiers Contours ne font
pas trop ventrus, eu égard à la proportion des autres, on leur donne affez généralement le nom d'*Eguilles,* de *Poinçons,* de *Piramides,* de *Baguettes de
Tambour,* & en Hollandois E l z e n, M a r r e l-P r i e m e n, &c. Cette Figure
ici repréfente exactement au vif l'*Os tigré,* (a) que R u m p h apelle auffi en latin *Strombum Secundum.* Cette Coquille eft affez forte, brillante & a la Couleur de l'Yvoire. On voit fur les Contours de belles taches quarrées, brunes de couleur, comme des morceaux de ruban coupez, qui vont prefque
jufques à la pointe, où elles fe perdent. On remarque à quelques unes,
là où les Contours fe touchent, une bande élevée, qui n'eft pas aux autres, qui monte en ferpentant. On apelle celles-ci, pour les diftinguer, l'*Os
tigré bandé.* Toutes les *Eguilles, Alènes,* ou *Coquilles en vis,* ont à l'embouchure un Couvercle fubtil. Leur Chair eft venimeufe, & eft garnie d'un
petit Os aigu empoifonné.

(a)Tie-
gerbein.

Figure 5. eft auffi une *Coquille à vis* de la même beauté que la précédente, à
laquelle elle reffemble parfaitement pour la Configuration, mais elle en diffère par fa couleur, qui eft jaunâtre tirant fur le rouge, & marquée tout
du long de lignes blanches ondées. L'Imagination des hommes n'a pas
encore inventé des noms pour chaque efpéce differente d'Efcargots & de
Moules, & notre intention n'eft pas d'augmenter la lifte de ceux, qui ont
été imaginez; ainfi nous ne donnerons point de nom particulier à celle-ci,
& nous contenterons d'imiter les Hollandois, qui ont coûtume en pareil
cas de mettre dans leurs Catalogues: *une autre de la même efpèce, differemment
marquée,* ce dont le Lecteur aura la bonté de fe fouvenir dans tous les cas, où
nous ne mettrons que le nom général de la Claffe, à laquelle l'Efcargot,
la Moule, ou la Coquille apartiendra, ce que nous ferons encore dans les cas,
où une dénomination particulière n'eft pas encore généralement adoptée, ou
bien dans ceux, où les Auteurs modernes auroient admis un Changement
de nom qui rendroit l'ancien douteux. Car il eft de fait, que toutes fortes
de gens, qui n'ont pas toujours le talent de penfer Siftématiquement, ou
de claffifier avec exactitude, fe font mêlez de faire des Collections de
Coquillages, auxquels ils ont donné entre eux des noms de fantaifie, qui
ont duré, ce qui a occafionné dans les dénominations toutes fortes de Chan-
gemens, foit en plus foit en moins. R u m p h apelle cette Coquille ici en
latin *Strombum quintum.*

PLAN.

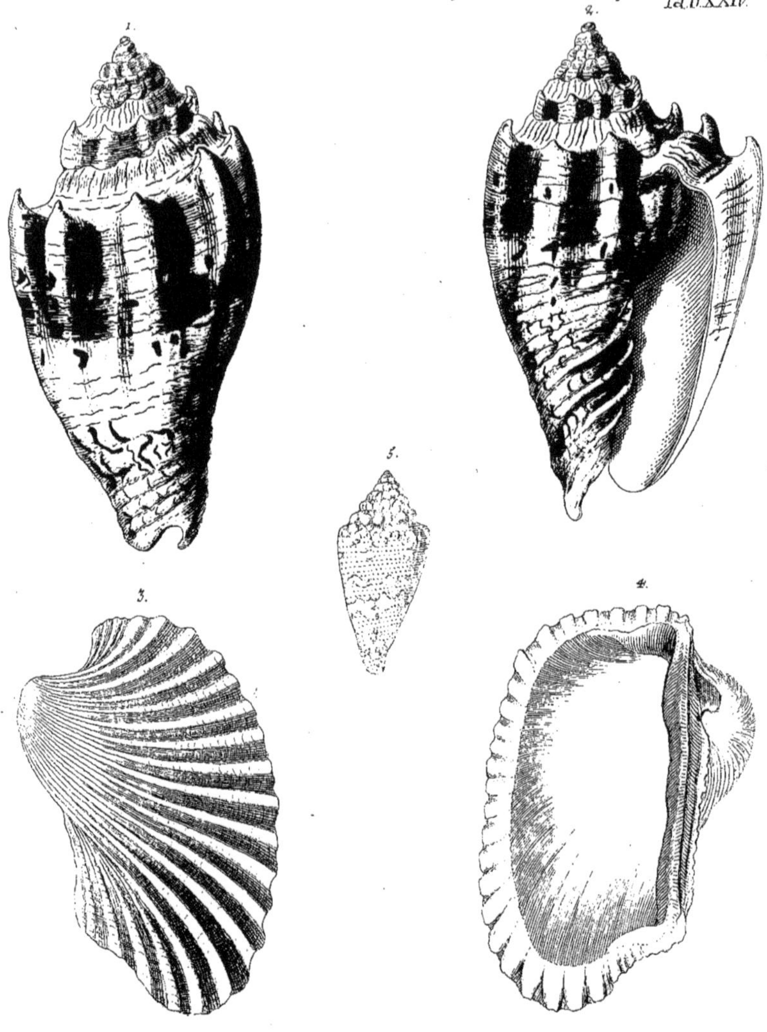

43

P L A N C H E XXIV.

Figure *1*. Nous avons vû fur la Planche XXIII. immédiatement précédente Fig. 1. un *Efcargot formé en poire*, auquel nous avons donné le nom
de *Mufique fauvage*. Ici nous en voyons Fig. 1. & 2. une de la même efpèce,
mais plus groffiére, d'un deffein moins regulier, & de Coquille beaucoup
plus épaiffe. Les Crocs que l'on voit fur les Contours font beaucoup plus
grands, & un peu courbez comme des Crochets obtus, mais au bas il y a
quelques Côtes torfes qui groffiffent à mefure qu'elles entrent dans l'embouchure.

Figure 2. nous repréfente le même Efcargot de fon autre côté, qui eft
celui de l'embouchure, où l'on voit en même tems, de quelle façon les côtes, dont nous venons de parler, y entrent. Toutes les *Coquilles notées* n'ont
pas généralement une embouchure auffi large, & prefque voutée, comme
celle-ci, & il y en a quantité, qui n'ont pas aux Contours des Crochets, qui
avancent autant. On en trouve auffi qui ne font pas fi ventruës, mais qui
font beaucoup plus longues & plus étroites, & dont les Contours font fort
élevez en dehors, comme aux *Coquilles Sabotes*.

Figure 3. La préfente *Coquille à rayons à côtez inégaux* apartient à la Claffe des *Arches de Noé*. On l'apelle le *petit Bateau*. Elle eft blanche, extraordinairement épaiffe, & a des côtes élevées, qui du côté de la fermeture
déviennent fi fines, qu'on les prendroit pour une toupe de Cheveux bien
peignez au derrière de la téte. Des lignes courbes & élevées paroiffent
en travers fur les côtes ou rayons, & font quelques fois fi avancées,
qu'elles reffemblent aux ongles de la main.

Figure 4. eft la partie intérieure de la Moule précédente. Chaque Coquille a un bec recourbé, & quand on les joint, il fe forme en haut un
efpace plat, où l'on peut paffer le petit doigt entre les deux becs prefque
fans les toucher. La Coûture, ou la Jointure des Coquilles a des dents
fort fines, qui s'enchaffent les unes dans les autres d'une manière merveil-
leufe, & jufte les unes contre les autres. On peut remarquer l'épaiffeur
des coquilles à leur large bord. Elles font uniës en dedans & tirent fur
la Couleur de chair.

Figure 5. Il y a parmi les *Cylindres* ou *Efcargots en rouleau* plufieurs efpèces
de ceux qu'on apelle *Barroirs de Tonnelier*. Nous en avons vû un pareil
fur la Planche VIII. Fig. 4. Celui-ci eft tout garni de petits points en rangées l'une fur l'autre, lesquels points ne fortent qu'un peu. Les Contours
font décorez tout autour de petits noeuds ronds. La Couleur jaune du
fond & les taches blanches varient beaucoup fur les Coquilles de cette efpè-

F 2

ce,

pèce, & n'ont point de régle générale. Les unes ont plus du blanc, les autres plus du jaune. Quelques unes ont des taches plus grandes, d'autres les ont plus petites. La Coquille eſt aſſez épaiſſe & blanche en dedans. En général ces Eſcargots & autres de pareille eſpèce apartiennent à la Claſſe de celles auxquelles Rumph donne le nom de *Voluta maculoſa*, ou en hollandois Geplecte Katies, c'eſt-à-dire *petits Chats*, ou *Chatons marquetez*.

PLANCHE XXV.

Figure 1. Cet Eſcargot tout heriſſé de Pointes eſt le même, que les Romains apelloient Murex (*). Les uns ont de grandes ailes, les autres des petites. Il y en a qui ont des aiguillons proprement ainſi dits les uns longs, les autres courts, d'autres ont à la place d'aiguillons des lambeaux, des extrémitez friſées, des plis, &c. qui ſortent des côtes par deſſus le dos & à l'embouchure. Celui qui eſt deſſiné ici eſt de la dernière ſorte. On l'apelle *l'Eſcargot ailé à bec de Corbeau*, parceque les plis ou lambeaux, qui en ſortent, ſont tous caves, & ont quelque choſe de la figure d'un bec de Corbeau. Toutes les élevations de cette Coquille ſont jaunâtres tirant ſur le blanc, mais dans les enfoncemens entre les côtes & les plis, qui vont en travers, elle eſt brune couleur de Chataigne. La Coquille eſt mince & les Becs de Corbeaux ou Lambeaux friſez, qui en ſortent, ſont fort déliez. Les Hollandois l'apellent auſſi Gedroogte Peer, ou *Poire ſéche* (a) ou Voet-Hoorn, ou *l'Eſcargot en pied* (b).

(a) gedörrete Birn.
(b) Fuſſ-Schnecke.

Figure 2. On voit ici l'embouchure de l'Eſcargot précédent. Elle eſt toute garnie de friſures, qui ſortent des côtes traverſantes. Cette embouchure longue & étroite a quelque reſſemblance avec celle des *Eguilles*, quoi qu'elle ſoit un peu ventrue, ce qui fait compter cette Coquille dans l'eſpèce des *Eſcargots ailez*, non obſtant que l'embouchure des *Eſcargots ailez*, proprement ainſi nommez, ſe termine ordinairement en lambeaux ou en babines fort larges.

Figure 3. Cet *Eſcargot en toupie* eſt un ouvrage de la nature très-beau & très achevé. Les Contours ont des Sillons très-profonds, qui ſont terminez par des bords fort larges artiſtement pliez & friſez, leſquels finiſſent tous en autant de boûts triangulaires. Cette Configuration particulière lui a fait donner le nom de *Toit Chinois*, ou de *Temple d'une Idole de la Chine*, & aſſuré-

(*) Murex; on trouve ce mot dans *Pline* & dans *Horace*, & il déſigne ce Poiſſon à coquille, du Sang duquel les Anciens faiſoient la couleur de pourpre, & ce mot ſe prend auſſi dans *Virgile* pour la Couleur de pourpre. vid. *Danet*, Dictionn. Latino-Gallicum, in uſum Delphini, vocabulo Murex.

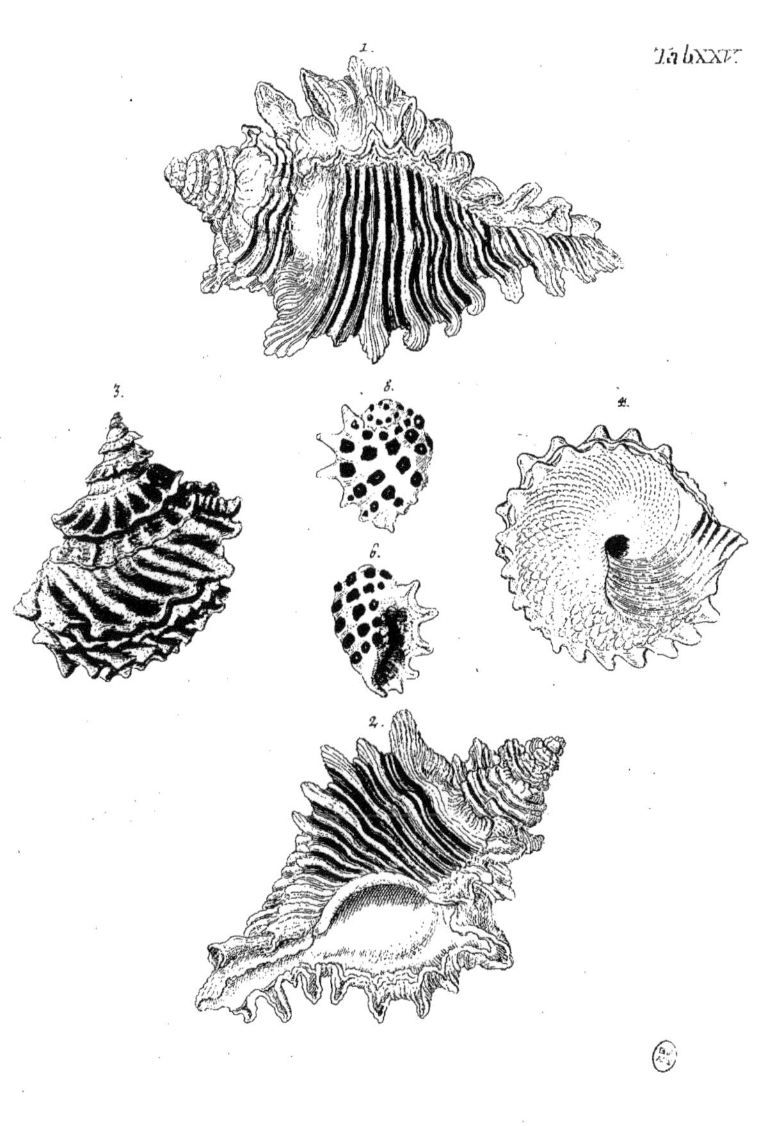

furément la dénomination convient à cette piéce. La Coquille en eft affez
épaiffe, elle eft brunette, tirant affez fouvent fur le rougeâtre, entremélé
de verd celadon. Elle apartient à la Claffe de celles auxquelles R u m p h
donne les noms de *Trochus tertius*, *Trochus quartus*, *Trochus papuanus*, & *Trochus
longævus*. Cet Efcargot a coutume de fe tenir aux rochers hors de l'eau &
de fe nourrir là de l'humidité falée qu'il en fucce. Quand il tombe dans
l'eau, il y meurt, mais quand il eft au fec, il peut fubfifter plus d'une an-
née, fans prendre la moindre nourriture, & c'eft de là que lui vient le nom
d'*Efcargot à longue vie* (a).

(a) Langle-
bende
Schnecke.

Figure 4. repréfente le côté inférieur ou le fond de l'*Efcargot à toupie*
précédent, & ne lui cède ni en beautez, ni en agrémens. Ce fond confifte prefque uniquement en coquilles pofées les unes fur les autres, qui lui
donne l'air d'une peau de Crocodile. Ici l'Embouchure s'enfonce dans
une efpèce de Trou umbilical, qui femble s'unir à elle. Cette Embouchure
eft d'un beau brun, & dans l'enfoncement elle dévient fort rougeâtre.

Figure 5. Ceci eft un petit *Cafque à aiguillons* (b), qu'il ne faut pas confondre avec une certaine efpèce d'*Efcargots en poire*, qui ont auffi des aiguillons & font marquetez de noir à peu près comme celui-ci. Car ces *Efcargots
en poire* portent les noms d'*étoile du matin*, de *Culote de Suiffe dentelée*, de *tête
de chat*, & autres noms pareils, au lieu que notre *petit Cafque à aiguillons* porte
proprement celui de *petit Gobelet* (c) ou de *Meure dentée*. Les Contours
ne fortent guères, non plus qu'aux autres Cafques. La babine, ou l'aile
de l'embouchure, a des aiguillons affez longs. Mais tout le dos eft marqué
de taches noires quarrées, d'où l'on voit s'élever de petits aiguillons plus
courts, qui fur quelques Coquilles ne paroiffent à la vérité que comme des
boffettes, ou de petits moignons. Entre ces taches & aiguillons la Couleur de la Coquille eft d'un blanc de craye, ou d'un jaunàtre fale; au
refte la Coquille méme eft forte, & affez épaiffe.

(b) geftachel-
tes Sturm.
hæubgen.

(c) Pimpel-
gen, oder
Stutzglæf-
gen.

Figure 6. L'embouchure de l'Efcargot que nous venons de décrire,
quand on la confidère par dedans, eft frifée tout du long, ou pour mieux
dire inégalement dentée. On voit là que les aiguillons font caves, & pour
ainfi dire, pliez en rouleaux. Le bord extérieur de l'embouchure a un
ourlet jaune, ce qui eft caufe qu'on apelle cette Coquille affez communement la petite bouche jaune.

F 3   **PLAN-**

46

PLANCHE XXVI.

Figure 1. Il y a des *Macles* (a) ou *Escargots à Aiguillons* (b) qu'on apelle auſſi *Escargots de pourpre*, ou *Pourpres* (c). Cette figure en repréſente un très-mignon. On l'apelle *Brandaris*, ou *Tiſon cornu* (d) à cauſe de ſa couleur, qui eſt un mélange de brun-foncé & de jaune, comme ſi cette piéce avoit paſſé par la fumée, ou qu'on l'eût retirée d'un incendie. Le nom latin eſt MUREX MINOR, & l'hollandois *Munckyzer* (e). Les Contours ſont figurez comme aux *Coquilles Sabotes*, & l'embouchure comme l'ont les *Eguilles*. L'on voit de trois côtez tout du long de grands lambeaux friſez, qui paroiſſent ſortir des côtes, & être des Continuations des Cercles ou anneaux qui vont en travers. Ces lambeaux friſez reſſemblent à des feuilles de Choux friſez ou de Choux d'hiver, & ſont d'un brun-foncé & même quelques fois noirs. Les Côtes & cercles nombreux, qui vont en travers, ſont d'un brun foncé ſans exception, & dans les entredeux la Coquille eſt d'un jaune ſale, comme ſi elle avoit été fumée. D'ailleurs elle n'eſt pas fort épaiſſe. On voit encore de ces Escargots noirâtres, gris de cendres, & de blancs.

Figure 2. Ce que cette Figure repréſente, c'eſt l'embouchure au côté tourné du *Tiſon cornu*, où l'on voit quantité de Crocs friſez. Le rouge qu'on voit ici d'un côté ne ſe trouve pas à toutes les Coquilles de cette eſpèce. A l'embouchure il y a un Couvercle, ou *Ongle odoriferant* (f), dont on ſe ſert pour parfumer.

Figure 3. eſt un Escargot d'une grande beauté de la Claſſe des *Porcelaines*. On l'apelle en latin PORCELLANA MONTOSA, c'eſt-à-dire *Porcelaine montueuſe*. Elle eſt de couleur brune claire, marquée de taches fauves ou de gris-cendré. Ce brun clair conſiſte en une infinité de rayes fines, traverſées par d'autres rayes ſubtiles, ce qui forme une eſpéce de réts ou de pointe. Le dos de cet Escargot ovale eſt fort élevé & marqué ſur le milieu d'une large bande pliſſée ou agencée, de façon que l'on diroit que ce ſont autant de golfes ou de Promontoires d'un côté ou de l'autre, comme on les voit marquez ſur les Cartes géografiques, ce qui a ſans doute occaſionné le nom de *Cap* qu'on donne à cet Escargot. La Coquille eſt aſſez épaiſſe, extraordinairement unie & brillante, & ſon embouchure dentée, quoiqu'un peu de loin à loin.

Figure 4. eſt une *Porcelaine* de l'eſpèce de célles qu'on diſtingue en les apellant *Porcelaines parſemées de gouttes*. (g). Elle eſt jaunâtre, & marquetée de petites taches rondes couleur de chataigne, qui reſſemblent à de petites gouttes d'eau. On voit en haut tout du long une raye blanche. La

Couleur

Notes marginales :

(a) Stachel-Nüſſe.

(b) Stachel-Schnecken.

(c) Purpur-Schnecken. RICHELET dans ſon Dictionnaire, au mot *Pourpre*, l'apelle en latin CONCHYLIUM MARINUM, EX QUO PURPURA EFFICITUR.

(d) Brandhorn.

(e) id eſt en allemand *Müncheiſen*.

(f) latine, Unguis odoratus.

(g) Waſſertropfen, lat. *Porcellana guttata.*

3.
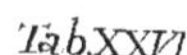
Tab.XXVI.
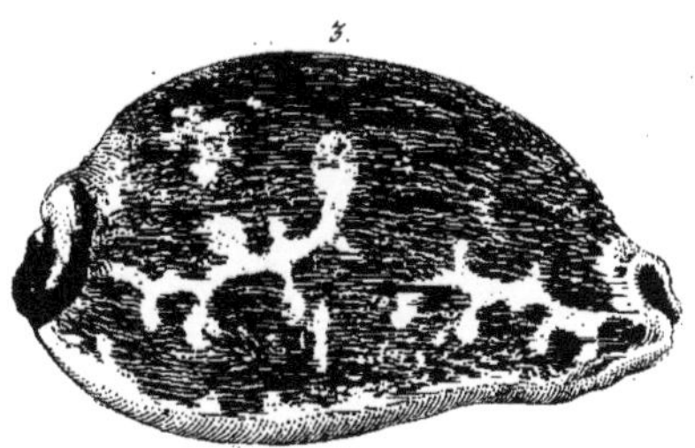
1.
2.

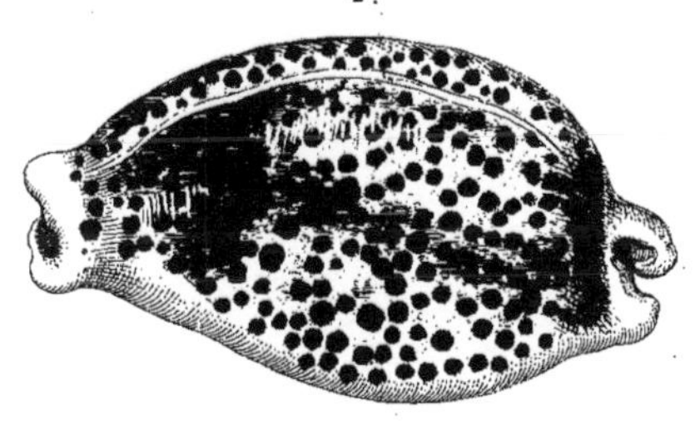
4.

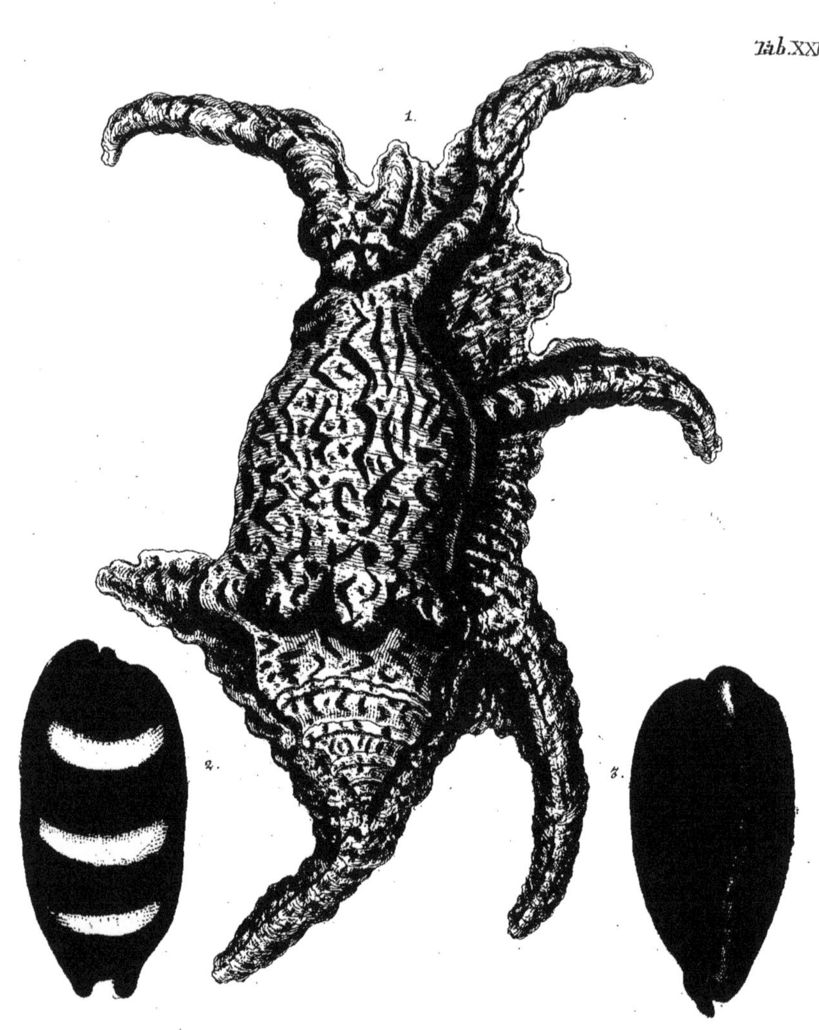

1.
2.
3.

Couleur n'en eſt pas toujours jaune. On en trouve auſſi des blanches, dont les taches ou gouttes ſont tantôt noires, tantôt bleuâtres, tantôt de quelque autre couleur obſcure. Il y en a encore, où les taches ſont environnées d'anneaux. La Chair de cette eſpéce eſt généralement venimeuſe, de même que celle des autres Eſcargots, dont la Coquille eſt unie & brillante, particuliérement de ceux qui ſont marquez de rouge.

PLANCHE XXVII.

$F_{igure\ 1.}$ Voici une Figure parfaitement bien tirée d'aprés nature, & qui ſert de diſtinction à la préſente planche. C'eſt un *Eſcargot a aiguillons*, de ceux auxquels Rumph donne le nom latin ALATAE, c'eſt à dire *Eſcargots ailez* (a). Celui-ci eſt le plus beau de ſon eſpéce. Le fond en eſt blanc tirant en jaune, decoré par tout de taches & de rayes en flammes d'un brun clair. Les Contours ſortent formez en Tour, cependant il y en a partie, qui paroiſſent ſur un lambeau, lequel ſe termine en aiguillon ou en une Continuation courbe. Le prémier Contour eſt garni de noeuds, les autres ont des anneaux.

(a) Flügel-Schnecken.

Quant aux aiguillons, ou ſi l'on veut, aux Continuations, cet Eſcargot a une grande reſſemblance avec les autres *Eſcargots à aiguillons*, tellement qu'on pourroit penſer, qu'il eſt de la méme eſpéce, au moins à quelque petite difference près; mais on ſe tromperoit. Celui-ci eſt d'une ſorte toute particuliére, & pour la diſtinguer, on n'a qu'à bien faire attention à la diſpoſition des aiguillons. S'ils s'ont diſperſez, comme à la Coquille deſſinée ici, & que les aiguillons, qui ordinairement au nombre de Six, ſe préſentent courbes, comme des griffes ou ſerres de quelque gros Oiſeau de proye, on l'apelle *griffe du Diable* (b). Au lieu, que lorſque ces aiguillons ne ſont point courbes, mais qu'ils partent de la Coquille en forme d'epieu ou de pique, & que la pointe ſeule, qui les termine, au bout eſt recourbée, alors on leur affecte proprement le nom de *Harpon de Nacelle* (c). Nous ne pouvons pourtant pas déſavouer, que Rumph ne fait de ces deux eſpéces qu' une ſeule, à laquelle il donne en latin le nom de HARPAGO, qui ſignifie auſſi *Harpon de nacelle*, ou *d'eſquif*. Cette derniére eſpéce a ordinairement ſept aiguillons. Enfin lorſque les aiguillons ont leur courbure ſeulement d'un bout au côté ou à l'aile de l'embouchure, & que le reſte pend en bas à la façon des araignées ou des écreviſſes, on les apelle en ce cas des *Cancres*, ou des *Grabes* (d), ou *Eſcargots en écreviſſes*, & ceux-ci ont le plus ſouvent huit aiguillons. Quand il y en a un plus grand nombre, on les nomme *Scorpions*, ou *Millepieds*, en latin MILLEPEDA (e).

(b) Teufels-Klaue.

(c) Boots-Hacken.

(d) Krabbe.
(e) *Tauſend-beine.* C'eſt une eſpéce de chenille veluë, qui a quantité de pieds.

Aux

Aux trois espèces les aiguillons sont forts & épais, & la Coquille de l'Escargot même est très-épaisse. On connoit à l'embouchure, s'il est mâle ou femelle. Les Connoisseurs apellent mâles ceux où les griffes ou Aiguillons sont fort serrez près de l'embouchure, & femelles ceux où l'on voit une fente ouverte le long des aiguillons en descendant. La Couleur de celles-ci est jaunâtre, brillante & unie, & le dos ridé.

(a) Maul.
wurf.

Figure 2. La Couleur obscure & noire de cette Coquille, qui est belle & de la Classe des *Porcelaines,* lui a fait donner le nom de *Taupe* (a). Elle a tout le long des rayes fines obscures sur un fond brunet, traversé de trois bandes jaunes, lesquelles succèdent alternativement au brun foncé du fond. Un Miroir poli ne brille pas plus que cette Coquille Porcelaine.

Figure 3. On voit ici que l'intérieur de la Coquille, que nous venons de décrire, est blanc comme du lait, ce qui paroit sur tout aux petites dents fines & blanches, qui sur le fond brun font tout le tour de l'embouchure.

PLANCHE XXVIII.

F*igure 1.* Nous avons vû dans nos Remarques sur les Figures de la Planche précédente, qu'il y a trois sortes differentes d'*Escargots à aiguillons,* qui ne laissent pas de se ressembler beaucoup. Ces Observations indiquent, que l'Escargot figuré ici est le *Harpon de Nacelle* proprement ainsi nommé, quoique la pointe de l'extrémité, qui lui a fait donner ce nom, ne soit pas tant recourbée: car on en trouve, dont les Aiguillons sortent à l'extrémité presque de la longueur d'un doigt, & dont la pointe forme tout d'un coup un croc courbé, ou un angle en équerre. Au reste la Structure, la Couleur, & la Coquille sont ici les mêmes, qu'à la *griffe du Diable.*

Figure 2. Quelques uns mettent au rang des *Manteaux bigarrez* une certaine Coquille à rayons, qu'on nomme le *Doublet de Venus à côtes,* & c'est celle que cette figure représente. La Configuration ne diffère guères, de celle d'une *Coquille à peigne* élevée. Elle a des côtes élevées en arc, qui sont voûtées en dedans. Sur ces côtes on voit des Languettes très-artistement travaillées & comme taillées angulairement, dont quelques bouts dépassent de beaucoup le bord de la Coquille. La Couleur est entremélée de lignes jaunes tirants en rouge, & par ci par là de quelques nuances.

Figure

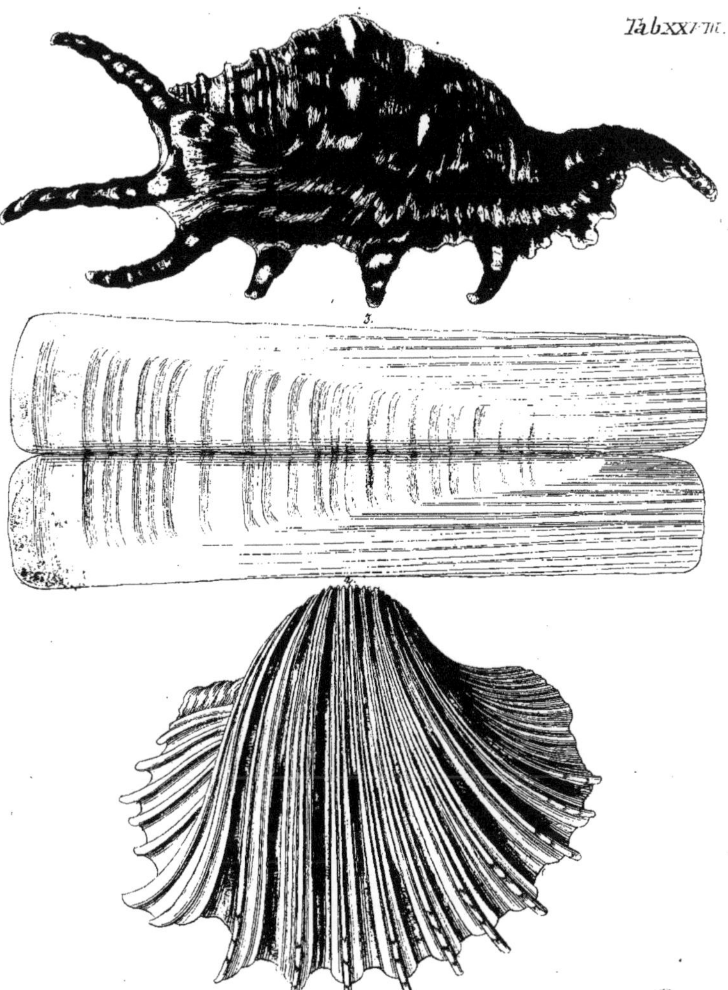

Tab.XXXVII.
3.

Tab. XXIX.

49

Figure 3. On voit au milieu de cette Planche une Moule toute particuliere. R umph apelle celles de cette forte S o l e n e s b i v a l v i i. Elle eſt cinq à ſix fois plus large que longue; car depuis la fermeture juſques au bord, qui eſt vis-à-vis, à peine trouvera-t-on un pouce de diſtance, au lieu qu'il y en a cinq juſques à ſix à la largeur. La fermeture eſt d'un côté, & de là partent diverſes lignes vers la largeur, qui ſe retournent en long. Des deux cotez la Moule eſt ouverte, & reſſemble aſſez, quand on en joint les Coquilles, à la gaine d'un couteau. On l'apelle communement la *Moule à ongles*, ou *onglé* (a) & quelques fois le *Tuyau d'Orgues* (b) comme auſſi le *Doublet de Goutiere*, (c) parce que chaque Coquille eſt comme creuſée en goutiere. Ces Coquilles ſont fort ſubtiles, & par tout jaunâtres, ou couleur de chair, avec des rayes obſcures. On les trouve toujours dans le Sable poſées en ligne perpendiculaire.

(a)lat. *Unguis*, *Dactylus*, *Vagina*. German. die Nægel-Muſchel.
(b)Die Orgel-Pfeife.
(c)Das Rinnen-Dublet.

PLANCHE XXIX.

Figure *1.* C'eſt une *huitre pierreuſe difforme*, couverte d'écailles, & garnie par accident de quantité de petits canaux, qu'on a coûtume d'apeller *Sifflets marins*. Or ces petits canaux ſont autant de Coquilles d'autres petits animaux marins, qui ſe font précédemment attachez au limon, qu'ils trouvent ſur la coquille de l'Huitre, qui y tiennent ferme, & y grandiſſent peu à peu à proportion de l'accroiſſement de l'Huitre même.

Figure 2. eſt une autre *Huitre pierreuſe difforme*, un peu ridée, & qui n'a guere de courbure. Ce qu'elle a de particulier, c'eſt qu'elle a une belle Couleur, ce qui eſt rare à cette eſpece d'Huitres.

Figure 3. On donne ordinairement les noms de *Tuyaux marins*, ou *Cannes marines* (d) *Pinceaux marins* (e), *Eſcargots en forme de dent* (f), & d'autres aux Coquilles de cette eſpece-ci. Elles apartiennent à la Claſſe de celles qu'on apelle en latin S o l e n e s S o l i d i, pour les diſtinguer de celles qui portent le nom de S o l e n e s b i v a l v i i, dont nous avons donné la déſcription ci-deſſus Pl. XXVIII. Fig. 3. Elles ont cependant encore d'autres dénominations particulieres. Celle que la Figure repréſente, s'apelle *Dent d'Elephant à côtes* (g). Elle a des côtes élevées, de façon pourtant que de ces côtes l'une eſt toujours plus petite que l'autre, & ſa circonférence eſt taillée en Polygone. L'ouverture du côté étroit de cette Coquille eſt petite. Ce qu'il a de plus ſingulier, c'eſt ſa Couleur qui eſt verte.

(d) See-Röhrlein.
(e) Meer-Pinſel.
(f) Zahn-Schnecken.
(g) Elephanten-Zahn.

Figure 4. Ceci eſt une *Dent de Mer ſans côtes* (h), blanche de couleur, tirant cependant aſſez ſouvent ſur le rougeâtre. Ces ſortes de tuyaux au reſte

(h) ungeripptes Meer-Zähnlein.

G

reste ont à peu près la grandeur & l'épaisseur d'un tuyau de plume ordinaire. La Coquille en est très-forte.

Figure 5. Voici une sorte de petits tuyaux bien differente de la
précedente. La Coquille en est beaucoup plus délicate & plus fragile.
On l'apelle le *Tuyau en Serpent à courbures irrégulieres* (a) ou *le boiau de
Poule* (b). Il y en a plusieurs especes, & parmi ces especes quantité de variations, de sorte qu'individuellement on trouvera rarement
deux de ces Coquilles, qui soient parfaitement semblables à tous égards.
Celle-ci est blanche en dedans & en dehors, & couverte d'un enduit qui
ressemble à de la Chaux. On peut les mettre au rang des *Tuyaux marins*,
en latin Tubularia marina.

*(a)Die unor-
dentlich ge-
krümte
Schlangen-
Röhre.
(b)Hühner-
Darm.*

PLANCHE XXX.

Nous avons eû plus d'une occasion de donner à nos Lecteurs la
déscription de divers *Escargots formez en poire.* En voici encore un, que
quelques Auteurs mettent à la vérité dans la Classe des *Cornets en éguilles*,
ou des *Eguilles cornues*, ou des *Piramides*, mais il est de fait qu'il a beaucoup plus de ressemblance avec la prémiere sorte, & se termine d'ailleurs à une embouchure godronnée. Le nom particulier, qu'on donne
à cet Escargot, est *Corne à crocs*, (c) ou la *Culote de Suisse dentelée*, (d)
& quelques fois, mais moins convenablement, l'*Etoile du matin* (e). Il
est à remarquer que les gros Crocs, qu'on voit autour du prémier Contour, sont tous vuides en dedans, ce qu'on n'observe pas à toutes les
Coquilles dentées de cette espece. En bas, près de l'embouchure godronnée, on voit des lignes entaillées, qui paroissent s'y entrelacer & se perdent au bout peu-à-peu. Cette Coquille est couleur de brun rougeâtre.
Au reste elle est fine, unie, & brillante, mais au dedans d'un blanc tirant
sur le bleuâtre, tel que celui de la Porcelaine des Indes.

*(c)Zacken-
horn.
(d) gezackte
Schweitzer-
Hosen.
(e)Morgen-
Stern.*

Figure 2. En faisant ci-dessus la déscription de la prémiere Figure
de la Planche XXI. nous avons parlé des *Moules en plat* (f) ou des
Succe-rochers (g), & de leur diversité. Cette Figure ici, & celle
qui suit, nous en représentent encore deux sortes differentes, qui mé-
ritent une observation particuliere. Celle-ci est une Coquille polygone, que ses bords font assez ressembler au Plan ou à la Sciographie
d'une forteresse. Quelques uns l'apellent le *Plat en étoile.* (a). Elle
est blanche, & a tout autour des rayes brunes angulaires dentées, tout
comme

*(f)Schüssel-
Muscheln.
(g) Klipp-
kleber.*

*(a) Stern-
Schüssel.*

Tab. XXX.
1.
2.
3.
4.
5.
6.
7.

comme le bord exterieur. Des rayes fines partent du Centre vers la circonference & font rangées fur la Coquille, comme des côtes fubtiles. Au milieu il y a une grande tache, qui quand on la confidere à travers la bougie, paroit être d'un rouge de Cinabre incomparable. En dedans elle reffemble à de l'écaille de Tortue, & la tache y paroit plus grande & plus foncée qu'en dehors. La Coquille eft affez mince & peu élevée.

Figure 3. Ce *Succe-rocher* n'eft pas moins mignon que le précedent & repréfente une *Coquille en plat grillée* (h). Car on y voit partir du Centre (qui eft ouvert à celle-ci) vers la Circonférence des rayons, qui paroiffent en côtes élevées, entre lesquelles il y en a toujours trois ou quatre moins hautes, mais on y remarque auffi des anneaux ou Cercles exhauffez, qui font tout le tour de la coquille, & traverfent toutes les côtes, ce qui forme une quantité de cavitez quarrées, qui vers le haut deviennent toujours plus petites. La Couleur eft un gris-cendré tirant fur le jaune, fur lequel on aperçoit quelques fois de petits points, qui font d'un rouge de corail. En dedans cette Coquille eft blanche & affez élevée en pointe.
(b)Gegitter-
te Schüffel-
Mufchel.

Figure 4. Ceci eft une Moule, qu'on nomme *Confalme marine*, (c) ou *Moule en Coin* (d), & apartient à la Claffe des *Moules formées en Canard*. (e). La Coquille en eft d'un brun foncé, & quand on la regarde au travers d'une bougie, elle eft couleur de pourpre. Il y a en travers de rayes en arc, qui forment quelques rides fur la coquille, fans que cependant celle-ci en foit moins unie, & moins brillante. Elle eft affez forte, & s'attache aux rochers par ce qu'on apelle la *barbe*.
(c) Mieff-
Mufchel.
(d) Keil-
Mufchel.
(e) Enten-
Mufchel.

Figure 5. repréfente l'interieur de la Coquille précedente, où il y a à obferver, que les rayes très-fubtiles, dont elle eft marquée, forment un rond oblong, à peu près comme les fibres, ou lignes courbes d'un pouce s'expriment fur un morceau de cire, quand on l'y apuye, en quoi elle differe des rayes qu'on voit fur l'exterieur de la Coquille.

Figure 6. Ce petit *Efcargot en toupie* eft vraiment un Chef d'oeuvre de la nature. On y voit une Chainette, qui en fait le tour d'une façon femblable aux tours, que fait une Chainette de Montre autour de fon Cilindre, quand la Montre eft écoulée. Cette Chainette confifte en une lifiere noire fine, élevée & grainée, qui a à diftances égales entre chaque noeud une boffette blanche, laquelle brille beaucoup, & forme comme un rang de perles, que l'art y auroit placé. Entre ces
Cer-

52

Cerceaux la Coquille eſt rouge, & auſſi grainée. L'embouchure eſt couleur de perle & a un grand éclat.

Figure 7. La derniere Piéce de cette Planche eſt une *Coquille Sabote formée en Piramide,* blanche au fond, & entourée ſur chaque Contour de trois bandes mignonnes, dont l'une eſt rouge, l'autre verte, & la troiſieme noire, qui perdent leur couleur en s'aprochant des Contours ſuperieurs. La Coquille en eſt auſſi fine & auſſi fragile, que celle des Eſcargots de terre. Au dedans elle eſt blanche, & les bandes paroiſſent en travers. C'eſt celle que RUMPH apelle en latin: BUCCINUM LINEATUM.

Fin de la premiere Partie.

Collection
des differentes espèces de
COQUILLAGES
qu'on trouve dans les Mers
rassemblée
&
communiquée au Public
par
George Wolfgang Knorr
à Nuremberg.

IIde Partie

LES DELICES

DES YEUX ET DE L'ESPRIT,

OU

COLLECTION GENERALE

DES

DIFFERENTES ESPECES

DE

COQUILLAGES

QUE LA MER RENFERME,

COMMUNIQUEE

AU PUBLIC

PAR

LES HERITIERS

DE

GEORGE WOLFFGANG KNORR.

A

NUREMBERG.

II. PARTIE.

1765.

AVANT-PROPOS.

L'accueil favorable, que le Public a bien voulu faire à la prémière Partie de cette Collection, avoit affermi feu notre Père dans le deffein de la continuer avec toute l'aplication poffible, & il y avoit déja quelques Planches de gravées pour la feconde Partie, lorsqu'une mort prématurée nous l'enleva. Nous entreprenons de pourfuivre fon travail, pour ne pas laiffer cet ouvrage imparfait & defectueux, & nous pouvons promettre hardiment de contenter les Amateurs par les fecours confidérables, que nous fournit Monfr. le Pafteur *SCHA-DELOOCK*. Ce digne Sçavant, déja affez celèbre par les profondes conoiffances qu'il a aquifes dans cette partie des Sciences, auffi bien que dans d'autres, & qui poffède une des plus fuperbes Collections, a eu la bonté de nous promettre, qu'il nous communiqueroit les piéces les plus belles & les plus rares. Nous faifons ici

A 2

tout

tout exprès mention de cette Politeſſe, pour avoir occaſion de lui en témoigner publiquement notre reco-
noiſſance, & afin que les Amateurs des beautez de la
Nature ſçachent auſſi, à qui ils auront l'obligation des
nouvelles raretez que nous leur préſenterons. La
Deſcription des Figures ne ſera pas prolixe, cependant
elle renfermera toûjours ce qu'il ſera neceſſaire de
ſçavoir. Nous la donnerons, comme à la prémiere
Partie, en Allemand & en François, laiſſant le choix
aux Amateurs de l'une ou de l'autre Langue. Eſpe-
rant au reſte que notre Travail ne ſera pas inutile,
& nous aquerra l'Approbation des Conoiſſeurs, qui
eſt le but de nos vœux.

NUREMBERG, en No-
vembre, 1764.

Les Heritiers de
George Wolffgang Knorr,
Editeurs.

I.
1.
2.
3.
4.
5.
6.
7.

DES ESCARGOTS ET DES MOULES.

SECONDE PARTIE.

PLANCHE I.

FIG. 1.

Les Coquilles qu'on nomme *Cornets d'Agathe* (a) ont le prémier rang après la Clasſe de *Rouleaux*, (b) qu'on a coutume d'apeller Amiraux. On met celles-là en partie au nombre des *Barroirs de Tonnelier*, & en partie au nombre des *Gateaux*. (c) Quelque fois on les fait auſſi paſſer pour des Vice-Amiraux, Contre-Amiraux, (d) ou eſpeces pareilles. Nous débutons ſur la prémière Planche de cette ſeconde Partie par ſept de ces Coquilles choiſies, qui apartiennent toutes aux *Rouleaux*, ou *Eſcargots en forme de Quille* ou *de Cone*, (e) qu'on range dans les Cabinets immédiatement après les Amiraux. Comme il eſt aſſez difficile de bien diſtinguer ces coquilles entre elles, parcequ'elles varient beaucoup, & ſont tellement diverſifiées, que quelque fois on donne deux noms differens & même des noms de toute autre eſpece à la même coquille, ſoit à cauſe de ſes couleurs, ſoit eû égard à ſa figure, nous croyons que le Lecteur ne ſera pas faché de trouver ici une Explication un peu détaillée, laquelle en ſoulageant ſa mémoire écartera toutes les confuſions, que pourroit occaſionner la reſſemblance que ces Coquilles diverſes ont entre elles.

Les *Coquilles en Cône* (Volutæ), qu'on apelle auſſi Piramides, ou Cornets (f) ſont proprement formées en Quille, ou en Cône; les Contours ne ſont pas fort avancez, larges par en haut, & ayant d'un bout à l'autre une embouchure longue & étroite. Les Coquilles vont en droite ligne aboutir en pointe, & ſe terminent par une extrémité obtuſe, enſorte que quand on les poſe ſens-deſſus-deſſous, elles reſſemblent parfaitement à une Piramide. Telles ſont celles qu'on voit dans la prémière Partie, Pl. XV. Fig. 2. 3. Pl. XVI. Fig. 3. Pl. XVII. Fig. 4.

Mais il y a auſſi une autre ſorte d'Eſcargots, qu'on nomme *Cylindres*, ou *Coquilles en rouleaux*, ou *en calandre*, qui ont auſſi une embouchure longue, mais qui ont beaucoup moins de diamètre, & leurs embouchures tirent vers le haut proportionnellement, ſelon que la Coquille entière ſe termine par le bas en cône avec un peu de ventre & un bout encore plus obtus,

(a) *Agate-Tutten.*
(b) *Volutae.*
(c) *Butter-vvecke.*
(d) *Schout byNacht.*
(e) *Kegel-ſchnecken.*

(f) *Tutten*, en Hollandois *Tooten.*

A 3

tus,

tus, ce qui leur donne la Figure d'une Olive, ou d'une Datte, comme l'on peut voir fur la Planche XV. de la prémiére Partie, Fig. 7. & Pl. XVIII. Fig. 1. Rien n'empécheroit de diftinguer aifément toutes les Coquilles l'une de l'autre, fi relativement à leur configuration elles diffe. roient entre elles autant qu'une véritable Coquille en cône, ou *Voluta* différe par exemple d'un *Cylindre*, ou d'une *Coquille en calandre*. Mais la nature marche à pas plus méfurez, & produit entre ces deux efpeces tant d'autres figures, qui, fans ceffer de fe reffembler, ne laiffent pas de varier entre elles, qu'on fe laffe enfin de chercher ces petites differences, & de les déterminer exactement. Ainfi l'on voit entre les Coquilles en cône & les calandres quelques figures variées de façon qu'on ne fçait plus, fi l'on doit les ranger parmi les cônes, ou parmi les calandres. Encore pourroit-on fe mettre au deffus de cet embarras, fi l'on n'avoit outre cela celui des coquilles, qui par leur figure & leurs couleurs femblent avoir pris quelque chofe d'une, quelques fois de deux, de trois, ou de quatre autres fortes, de façon qu'on ne fçait plus à quelle Claffe la ranger, & que l'on démeure en doute, fi on doit l'apeller *Cône*, une *calandre*, une *petite Tour*, ou une *Trompette* (Buccinum) *à embouchure étroite*, &c. C'eft ce qui eft la caufe que tant d'Auteurs, qui fe font fort peinez pour divifer & fubdivifer les Efcargots & les Coquilles en Claffes & efpeces déterminées, ont écrit quelques fois avec tant d'obfcurité & de confufion. Faute, en verité, qu'on doit leur pardonner, parceque les Caractères diftinctifs d'une Coquille font pris quelquesfois de tel trait, qu'un autre n'aperçoit pas, ou qu'il ne juge pas digne d'attention. Car prefque chacun regarde une coquille, & en confidère les parties remarquables d'un point de vûë different, & quant à l'intérieur de la coquille, ou à l'animal qui l'habite, ou la difference n'en eft pas fort remarquable, ou l'on n'a pas encore eu occafion d'en examiner fuffifamment & avec affez d'attention & d'exactitude les differences fpecifiques, pour en pouvoir fixer les Caractères diftinctifs, & felon cette direction en déterminer les Claffes & efpeces par des divifions & fubdivifions.

Pour comprendre plus aifément ce que nous venons de dire, on n'a qu'à fe donner la peine de comparer entre elles les Claffes principales de Cornets & des Rouleaux, dont nous avons parlé cy-devant, pour trouver qu'il y a quantité de Coquilles de figure intermédiaire, qui ne font ni Cornets ni Rouleaux, & qui doivent pourtant être rangées entre ces deux Claffes. Car on en trouve qui reffemblent davantage aux Cornets, d'autres aux Rouleaux, d'autres tiennent autant des uns que des autres. Il y en a même, qui fans rien perdre de leur reffemblance avec les deux dites fortes, en ont auffi avec d'autres. Telles font les *Trompes* (a) & ces Variations fucceffives de la nature font la raifon de celles que l'on trouve dans Pline, Rumph, Bonannus, Lister, & d'autres Auteurs, en forte que la même coquille fe trouve dans l'un fous un nom, & dans l'autre fous un autre.

(a) *Buccina* en allemand *Kinckhörner.*

7

La première Planche de cette Partie qu' il eſt queſtion de décrire ici, ne nous préſente que de ces coquilles, qui n'ont ni la propre figure d'un Cône ordinaire, ni d' un Rouleau, tels que nous en avons donné quelques uns pour échantillons dans la prémiére Partie, & qui ne peuvent être placées préciſément qu'entre ces deux Claſſes-là. Pour ne pas augmenter le nombre des dénominations des Claſſes, Rumᴘʜ met celles-ci au rang des Cones, ou *Volutæ;* ainſi ces ſept Coquilles portent toutes le nom de Volutæ, ou en Hollandois *Tooten,* Cornets, Piramides, ou Coquilles en Cône.

Cependant entre tous ces Cornets, ou Coquilles de cette eſpece, ſoit qu' elles reſſemblent plus aux Cônes ou aux Rouleaux, les Hollandois font une difference eſſentielle. Selon eux les unes ſont des Amiraux, & les autres des *Cornets d' Agate,* ou *joûës d' Agate.* L' on apelle *Amiraux,* ou *Vice-Amiraux,* ou *Contre-Amiraux,* (a) ou *Sortes d'Amiraux,* toutes celles, qui ſont en prémier lieu marquées de bandes, qui en ſecond lieu ſont très-belles en couleur, & dont en troiſième lieu le deſſein, les rayes & les points ſont extrémement fins, & alors on les apelle *Grands-Amiraux* à cauſe de leurs beauté extraordinaire, ou par raport à leur couleur on les nomme *Amiraux d' Orange,* ou ſi l' on a égard aux païs, d'où elles viennent, on leur donne les noms *d'Amiraux des Indes occidentales,* de *Cornets de Guinée,* &c. Voyez la prémiére Partie, Pl. VII. Fig. 3. Pl. VIII. Fig. 2. 3. 4.

(a) *Schout byNacht.*

On pourroit nommer *Cornets d' Agate* toutes les autres Coquilles en Cône, ou façon de Rouleaux, qui apartiennent à la Claſſe des Cornets (*Volutæ*), quand elles ſont éminemment belles, & qu' elles ont beaucoup de brillant, ſupoſé qu' elles ayent la Figure ordinaire des Cornets, & Joûës d'Agate, lorsque l'embouchure en eſt un peu plus ouverte & ventruë. Nous en marquerons la difference cy-deſſous à la Planche IV. Fig. 1. Mais ſelon que leur Configuration eſt plus ou moins anomale, il faut ou leur trouver un nom encore plus diſtinctif que ceux de *Barroir de Tonnelier,* voy. Part. I. Pl. VIII. Fig. 4. Pl. XVIII. Fig. 6. Pl. XXIV. Fig. 5. ou de *Corne à Couronne* qu' on verra cy-deſſous Pl. XI. fig. 2. ou de *Bougies* &c. ſoit qu'elles ſoient grénées ou unies: ou il faut emprunter des noms tirez des Couleurs, de la figure, & des deſſeins, comme *Gateaux* (b) *Cornets en Cœur, Cornets de Bois-de-Chêne* (c) voy. Part. I. Pl. XV. Fig 2. 3. 4. *Livrèts d' A B C, Eſcargots à Nuäges* &c. voyez. Part. I. Pl. XVI. Fig. 3. Pl. XVII. Fig. 4. Pl. XVIII. Fig. 1.

(b) *Buttervvecke.*
(c) *EichenholzTutten.*

Selon cet éclairciſſement toutes les figures, qu'on voit ſur la prémiére Planche ſont des Coquilles en cône, & façon de Rouleaux, parce qu' elles ont un peu moins de diametre que les Cônes ordinaires, & que la Ligne, au bout de laquelle elles ſe terminent en une pointe obtuſe, n'eſt pas ſi droite. Elles tiennent beaucoup des Barroirs de Tonnelier, leurs Contours s'avancent aſſez haut, & en pointe. On apelle les unes *Joûës d' Aga-*

d'Agate, & les autres *Cornets d'Agate*, parceque les deux fortes ont un brillant incomparable.   On leur accorde le prémier rang après les Amiraux,
à caufe qu'elles font magnifiquement marquées.   A préfent il ne nous
fera plus difficile, en confultant les couleurs & les deffeins de ces Coquilles en Cóne formées en calandre, de fixer les dénominations particulières,
par lesquelles les Curieux aiment à les diftinguer.

Figure 1. Ce Cornet d'Agate eft *le Chat jaune tacheté*, que quelques uns
apellent le *Cornet en cœur bâtard*.   La Coquille en eft épaiffe & blanche en
dedans.   L'Animal qui l'habite n'a point de Couvercle,   mais il a la fa-
culté de fe retirer fi avant, qu'on n'en voit rien.   La Structure intérieure de ce Cornet reffemble à celle de toutes les Coquilles en Cóne ou en
Calandre ; c'eft à dire qu'il y a au milieu une efpece de Colonne brillante, polie & unie,   qui va depuis la pointe, obtufe jusques dans la Couronne, qui eft très-fine & deliée en haut, & d'autant plus forte & épaiffe
par le bas.   La Coquille, ou fes Contours, font trois, tout au plus quatre fois le tour de cette Colonne.   Le prémier Contour prend en long la
moitié de la Coquille, le fecond le tiers, le troifième un huitième,   & le
quatrième eft à peine vifible.

Figure 2. repréfente un *Cornet en cœur bâtard grainé*, & eft une *Joüe
d'Agate*.   Cette Coquille eft par le haut plus large, & a moins de la forme
d'Olive, que la prémière, à laquelle elle reffemble d'ailleurs, fi ce n'eft
que fon Ouverture eft plus grande, ayant encore ceci de particulier, c'eft
qu'elle paroit être toute parfemée de fable, ce qui lui fait donner le nom
de *Cornet gréné*, particularité qu'on remarque d'ailleurs fur plufieurs de
ces Chatons tachetez.   Tous ces grains, ou petits points, comme on
voudra les nommer, font élevez comme de petites têtes d'épingle, &
alignez dans le plus bel ordre autour de toute la Coquille.

Figure 3. eft de la même forte, mais comme le fond en eft brun,
& les taches plus en forme de cœur, on l'apelle le *Cornet en cœur gréné
brun*, & à cette efpece la Coquille eft ordinairement plus épaiffe qu'à la précedente.   Son Embouchure eft fort avancée, comme à ce qu'on nomme
la *Joüe d'Efcargot*.

Figure 4, Ceci eft le *Cornet en Olive à bandes*, & apartient à la Claffe
des Barroirs de Tonnélier, avec cette différence, que la pointe fupérieure,
où les Contours avancent, eft un peu plus obtufe.   La Coquille n'eft pas
épaiffe, & la bande, qui l'entoure, confifte en une rangée de taches blanches, bordées de brun fur un fond jaune.   Au refte tout l'Efcargot eft
blanc comme neige au dehors.

(a) *Stei-
gende Lö-
vven-Tut-
ten.*

Figure 5. eft le *Cornet au Lion rampant*. (a) La Coquille en eft épaiffe,
& fon nom lui vient en partie de la couleur de fes taches, qui font rouf-
fes & jaunes tirant fur le brun, comme on les remarque fur les peaux de
Lion, & en partie parce que ces taches s'élèvent en haut & femblent s'attacher

II. *

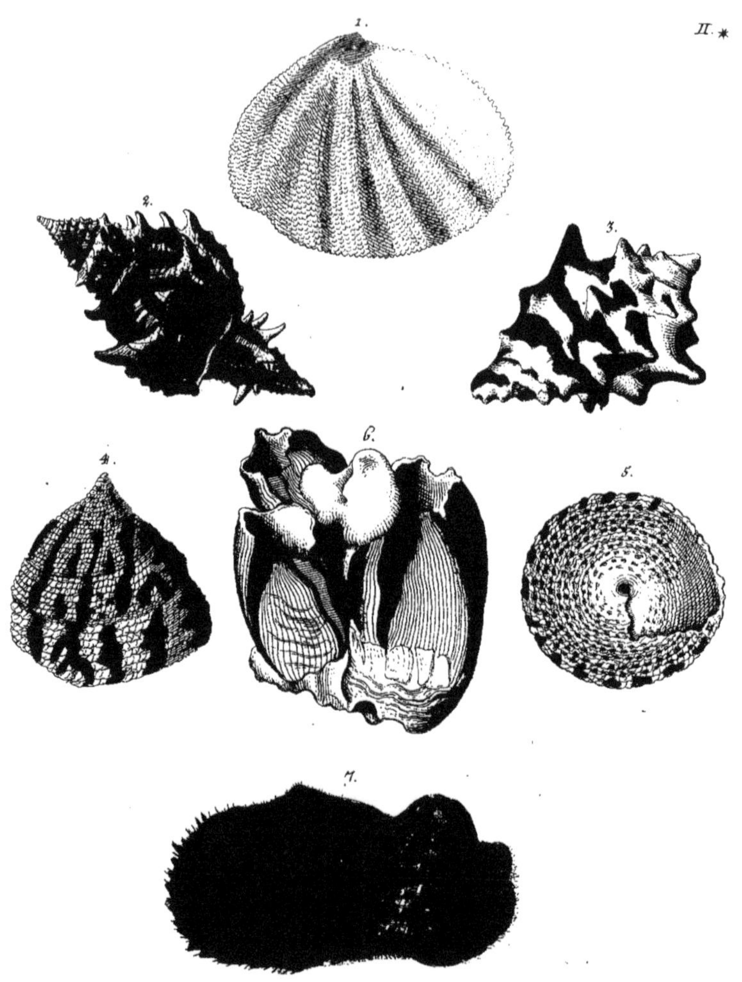
1.
2.
3.
6.
4.
5.
7.

tacher par leurs pointes à la Coquille, comme à peu près les Lions, qui fervent de fuports aux armoiries, en tiennent l'Ecuffon avec leurs Griffes. Mais on ne fçauroit difconvenir que l'Imagination a le plus de part à cette dénomination, parceque, vû le deffein qu'on voit fur cette Coquille, il conviendroit mieux, & feroit auffi plus naturel de la comparer à une Carte Géografique. Le même Cornet eft quelque fois gréné.

Figure 6. Quand les Hollandois comparent un Efcargot à une Tortuë, ce n'eft que relativement aux taches brunes foncées répanduës fans ordre fur un fond blanc ou jaunâtre. Comme on en trouve de pareilles fur ce Cornet-ci, ils l'apellent dans leur Langue *Schildpadde-Hoorn*, c'eft-à-dire *Cornet en Tortuë*, & ce que nous avons dit précédemment décide que celui-ci eft de la forte des Agates, & apartient particuliérement à la Claffe des Barroirs de Tonnelier.

Figure 7. n'eft fans doute auffi autre chofe qu'un Cornet en Tortuë, mais pour le diftinguer du précédent, il faut y ajouter l'épithète de *couronné*, parceque tous fes Contours avancez font entaillez & comme dentelez, au lieu qu'ils font unies aux autres. En general les Curieux accordent le nom de *Couronnes* ou l'epithéte de *couronnez*, à tous les Efcargots & Cornets, dont les Contours, là où ils s'avancent, font plus ou moins dentelez. Voyez dans la prémière Partie Pl. VI. fig. 1. Pl. VII. fig. 4. Pl. XV. fig. 2. & relifez en les Defcriptions.

PLANCHE II.

Figure 1. Nous avons vû dans la prémière Partie de cet Ouvrage Pl. VI. fig. 4. & 5. & Pl. XIX. fig. 1. qu'il y a des Coquilles *en forme d'affiette*, à côtez égaux & à côtez inégaux. Cela fait une efpèce particuliére qu'on apelle en latin *Tellinæ*. Leur CaraEtère diftinEtif principal eft que la Coquille en eft mince, également platte des deux côtez, & peu ventruë. Ordinairement ces Coquilles font plus larges que longues, de façon pourtant que la Fermeture, n'eft jamais bien au milieu, quoiqu'à celles qu'on nomme *Coquilles à côtez égaux*, il femble à la prémiére vûë qu'elles s'étendent également aux deux côtez de la Fermeture. Les Coquilles tiennent l'une à l'autre par une Charniére ou jointure fimple, (a) qui cependant eft accompagnée de deux nerfs ou Membranes fortes. La prémiére eft en dedans ou deffus de la Fermeture, & quand elle fe retire, les deux coquilles s'ouvrent de façon qu'on ne peut plus les refermer qu'en ufant de force. Les Membranes tiennent en même tems au milieu de la Coquille, & à l'Animal, qu'un bout de chair noueufe attache à l'autre Coquille. Ces derniéres fervent à la petite bête à retirer l'une contre l'autre les deux Coquilles, qui fans cela s'ouvrent d'elles mémes & c'eft ainfi qu'elle s'y renferme. On trouve ces Coquilles le plus fouvent dans un fable humi-

a) *Ginglymum.*

Seconde Partie.   B

humide à un pié ou à un demipié fous terre, & quand on en a trouvé la trace, qui confifte en une petite ouverture fur le fable, on n'a qu'à creufer un peu pour les trouver. Cet animal dans le tems du flux fort de la mer fur le rivage, les coquilles fort ouvertes, & la fermeture en haut, & s'enterre dans le fable mouillé encore & fangeux. Ceux de cette efpéce, qui choififfent pour s'arrêter le fable le plus fin & le plus blanc, ont ordinairement la Coquille la plus belle & la plus fine. Il y en a de moindre qualité qui s'enterrent communement dans quelque fable groffier & pierreux. Leur Chair eft belle, blanche & le plus fouvent mangeable. On voit a l'une des extrémitez deux tuyaux vuides à barbes rouges, dont l'animal fe fert pour humer l'eau, & pour l'élancer. De l'autre bout il y a une ouverture, qui fert à l'expulfion des excrémens. Quelques fois on y trouve de belles perles, qui ont la même couleur que la coquille.

Quant à la *Moule en affiete* en particulier, qu'on voit ici fur la Planche, elle eft tout-à-fait ronde d'un côté, mais de l'autre elle aboutit un peu en angle. La Surface de cette Coquille eft blanche, & a la Fermeture rouge, d'où partent quelques rayons de même conleur, qui font transparens, parceqũe la Coquille eft mince. Outre ceia ces Coquilles font couvertes d'écailles fubtiles & fines, comme on voit à peu près fur la langue des Chats, ce qui fait donner à cette Moule le nom de *Lingua Felis,* c'eft-à-dire *Langue de Chat.* Dénomination, que nous n'aurions affürément jamais dévinée, fi on ne la trouvoit dans R u м р н. Cette efpéce de *Langues de Chat* fe tient ordinairement dans quelque fable très-fin; mais il y a encore une forte de *Langues de Chat* de la même efpéce qu'on ne trouve que dans un fable groffier & pierreux, qui font de qualité fort inférieure & beaucoup moins belles à voir que les prémières.

Figure 2. Le Lecteur doit fe fouvenir que parmi les Efcargots à Aiguillons, qui portent généralement le nom de *Murices,* (a) il y a auffi des *Têtes de becaffe,* telles qu'il en a vû une à *doubles aiguillons* fur la Planche XI. fig. 3. & 4. & une *fans aiguillons* fur la Planche XII. fig. 2. & 3. de la prémière Partie. Ici l'on voit une *Tête de becaffe à aiguillons fimples & bec court.* Elle eft fort ridée par dehors, & femble n'étre compofée que de pièces raportées, qui fe joignent l'une à l'autre près de chaque aiguillon. La couleur en eft d'un brun fale, mais l'embouchure eft d'un beau verd, à travers lequel on voit des bandes foncées.

(a) *Murex* Poiffon à Coquille, dont les Anciens faifoient la couleur de pourpre.

Figure 3. Boire fouvent de l'eau de vie, c'eft ce que les Hollandois par une expreffion baffe & populaire apellent: *pimpelen,* c'eft à dire *búvotter,* Et on fe fert pour cela d'une forte de petits verres tout garnis de boffes, qui tirent leur nom de là, & qu'on apelle par cette raifon: *Pimpeltjes,* c'eft comme qui diroit *petits Verres à búvotter.* Or comme la Coquille, que cette figure repréfente, eft toute pleine de pareilles petites boffettes, on lui donne de même qu'à toutes celles de cette efpèce en Hollande

de le nom de *Bimpeltje*, ou *petit Verre à Eau de vie.* Cela n'eſt-il pas bien
ſpirituellement imaginé. Mais il faut auſſi indiquer le nom qu'on lui donne dans le monde ſavant. On la met ici au rang des *Caſques*, quoiqu'elle
en diffère en ce qu'elle eſt fort raboteuſe & toute pleine de verrues. Tous
les Eſcargots de cette eſpèce portent le nom de *Caſſides verrucoſæ*, c'eſt à
dire *Caſques à verruës* ou *Caſques raboteux*, & on y trouve parmi les petits
Verres à eau de vie, des *Grenouilles*, des *Crapaux*, des *Hochequeuës*, des
Meures dentelées, des *Culotes de Suiſſe* (a) &c, qu'on apelle de l'un ou de
l'autre de ces noms, ſelon que leur figure eſt plus ou moins oblongue ou
formée en poire. Conferez avec ceci la cinquième & ſixième figure de
la Planche XXV. de la prémière Partie, & leur deſcription. La Coquille de cet Eſcargot eſt fort épaiſſe & péſante, le fonds en reſſemble à de la
craie blanche, entourée de quelques bandes noires. Les boſſettes, qui
paroiſſent être des Continuations de la coquille, ſont toutes noires l'une
comme l'autre, laquelle couleur cependant pâlit, ou ſe perd un peu près
des Contours.

Figure 4. Dans le grand nombre d'Eſcargots il y en a une eſpèce
qu'on nomme en latin *Trochus*, (b) c'eſt à dire *Sabot*, ou *Toupie*, comme
nous avons vú dans la prémière Partie Pl. XII. fig. 1. 4. & Pl. XXV. fig.
3. 4. Quand ces Coquilles ſont un peu plus ventruës, & qu'elles ne reſſemblent pas parfaitement à un Entonnoir renverſé, on les apelle figure ou *eſpèce de Sabot*, ou de *Toupie*, & de cette eſpèce eſt celle qui eſt repréſentée ici. Elle diffère un peu des deux autres de la même eſpèce, dont
l'une porte le nom d' *Huitre tirée de ſa Coquille*, (c) & l'autre celui d' *Eſcargot de Pharaon*, ou le *bouton de Veſte*, car elle tient de l'un & de l'autre.
Elle eſt toute entourée d'anneaux formez par des grains ſerrez l'un contre
l'autre. Le fond de la coquille eſt blanc, ſur lequel on voit des flammes
rouges fort prochcs l'une de l'autre.

Figure 5. repréſente ſeulement l'Embouchure avec le Trou umbilical de l'Eſcargot, dont nous venons de donner la deſcription.

Figure 6. Comme il y a des Animaux marins *à une coquille & à deux coquilles*, il y en auſſi *à pluſieurs coquilles*, c'eſt à dire dont la Coquille eſt
compoſée de 3, 4, 5, 6. feuilles & davantage. On trouve ces Animaux
ou ſeuls, ou par troupes & par nichées pour ainſi dire, fermement attachez aux rochers, ou au fond de cale d'un vaiſſeau, ou même ſur d'autres Moules ou *Succeurs de rocher*, & quelques fois ſur le dos des Tortues.
On diſtingue cette eſpèce par le nom de *Balani*, c'eſt-à-dire *gros glands*, (d)
ou *Verrues*, & l'individu, qui eſt figuré ici, s'apelle particliérement la *Tulipe marine qui fleurit.*

Quant à ſa configuration, cet Eſcargot a un fond plat & fort mince, qui
eſt ſi fortement attaché au rocher, ou au fond de cale, qu'on ne peut l'ôter

B 2   qu'en

a) Pimpelchen, Froeſche Hochſchwænze, gezackte Maulbee-re, Schweizer-Hozſen.

(b) en allemand *Kræuſel.*

c) ausgeſtochene.

d) en hollandois *Puiſten.*

qu'en prenant à l'aide d'un ciſeau partie du bois ou du roc où il ſe trouve. Le dedans eſt blanc & uni, & le dehors eſt compoſé de trois ou de
pluſieurs eſpéces d'Ecuſſons brunâtres, ou d'un gris-noir. Ces Ecuſſons ſont ou unis ou rayez tout du long & quelques fois profondement
entaillez comme on voit aux *Coquilles en peigne* (PECTINES). Ces Ecuſſons,
qui ont tantôt une grandeur proportionnée & tantôt inégale, forment en
haut une ouverture pareille à celle des Tulipes, & ſe préſentent en trian-
gle, en quarré, en pentagone, où en hexagone irrégulier. L'Animal
qui y habite eſt viſqueux, mais cuit il prend de la conſiſtence & devient
blanc. Il eſt très-bon à manger. On voit en haut à l'embouchure deux
oſſelets dentelez. Quand ceux-ci ſe féparent l'animal étend de certains
bras, qui paroiſſent comme un plumet, & c'eſt avec ces bras-là qu'il attire ſa nourriture. La Figure, qui eſt ſur la Planche, repréſente trois de
ces *Tulipes marines* jointes enſemble.

Figure 7. Nous avons vû ſur la Planche XVI. de la prémière Partie,
fig. 1. & 2. une *Arche de Noë.* En voici une autre, qui n'a que ceci de particulier, c'eſt qu'une infinité de fibrilles en couvre le plus ſouvent la Coquille, qui par là ſemble barbue. C'eſt par cette barbe ou ces fibrilles que
l'Animal s'attache ſi fort aux rochers qu'on a de la peine à l'en arracher.

PLANCHE III.

Figure 1. Dans la prémière Partie Pl. XXVII. fig. 1. & Pl. XXVIII.
fig. 1. on a vû une eſpèce d'*Eſcargots à aiguillons*, que les Amateurs ont coutume d'apeller *Griffe du Diable, croc de batelier, Eſcargots en Ecreviſſe.* &c. La
préſente figure en fait voir un de la même ſorte. Comme nous avons
déja indiqué, de quelle manière on les différencie, nous obſerverons ſeulement ici, que R U M P H ne met pas celui-ci au rang des *Eſcargots à aiguillons*
proprement dits ainſi, mais il les range parmi les *Eſcargots ailez*, qu'il nomme *Alatæ.* L'Eſcargot de cette ſorte, dont nous avons donné la figure ſur
la Planche XXVII. de la prémière Partie fig. 1. & auquel nous avons
donné le nom de *Griffe du Diable*, eſt non ſeulement nommé de même dans
R U M P H, mais cet Auteur l'apelle outre cela *Harpago*, (a) c'eſt à dire *Croc*
ou *Harpon de marinier*, parceque les griffes recourbées, qu'on voit ici, reſſemblent à ces crocs ou harpons, dont les matelots ſe ſervent pour attacher
les petites chaloupes à la terre ferme, au lieu que l'Eſcargot, dont on trouve la Figure dans notre prémière Partie, Pl. XXVIII. fig. . que pluſieurs
Curieux ont coûtume d'apeller *Croc* ou *Harpon de Matelot*, eſt regardé par
R u   comme la *femelle du Cancre*, ou de l'*Eſcargot en Ecreviſſe*, qu'il nomme
auſſi *Alata cornuta.* Or l'Eſcargot repréſenté ici ayant la même Configuration, il dépend de chacun de la mettre avec quelques Auteurs au rang des
Harpons, ou de lui donner avec R U M P H le nom de *Cancre.* Je remarquerai ſeulement, que quand l'Aiguillon recourbé, qu'on voit à la partie po-
ſteri-

(a) en al-
lemand
Botsbacke

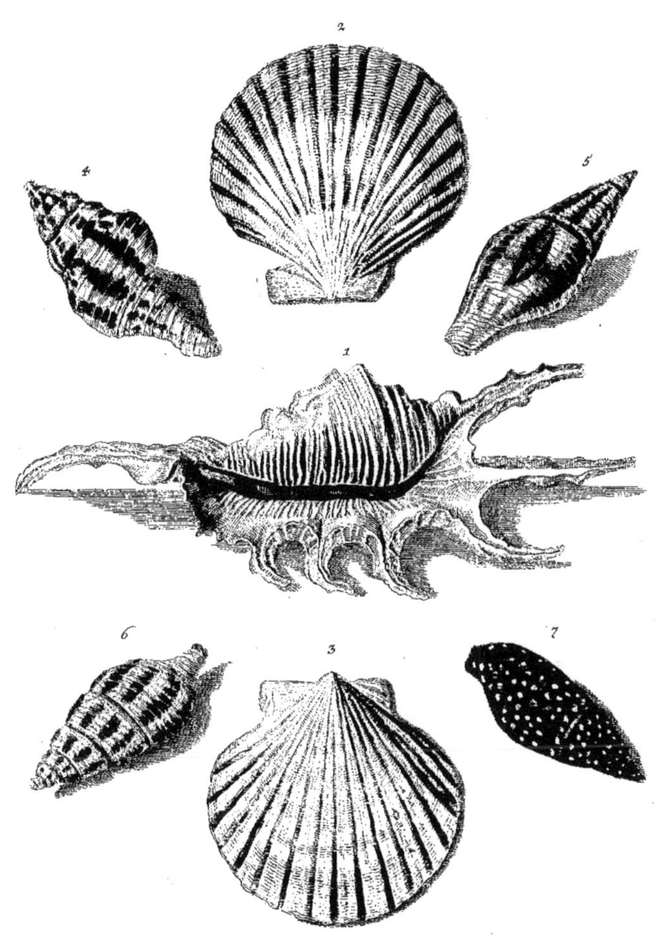

J. C. Dietzsch ad nat. pinxit.

ſtérieure de la Coquille ſe forme en équerre (ce qui a fourni l'occaſion de l'apeller harpon) alors Rumph lui donne les noms de *Cornuta nodoſa,* ou *Eſcargots gouteux* ou quelques fois celui de *Scorpion.* En général l'on peut dire qu'ici c'eſt l'imagination qui décide, & ſi un Amateur veut n'étre pas embarraſſé de tous ces noms différens, il n'a qu'à ſe choiſir un Auteur & adopter ſes dénominations ſeules. Nous indiquons non ſeulement celles que Rumph a préferées, mais auſſi celles qu'on trouve dans d'autres Auteurs, & laiſſons à ceux, qui font les Collections, le droit de ranger dans leurs Cabinets les Coquilles à leur goût, & de leur donner les noms que bon leur ſemble.

Figure 2. & 3. Si l'on ſe rapelle ce qui a été dit dans la prémiere Partie, Pl. IV. fig. 1. & 2. Pl. V. fig. 1. & 2. Pl. VIII. fig. 5. Pl. XIV. fig. 1. & 2. Pl. XVIII. fig. 2. Pl. XIX. fig. 2. & Pl. XXVIII. fig. 2. à l'occaſion des Coquilles repréſentées aux lieux citez, on ſe ſouviendra, qu'il y a quantité d'eſpèces de *Coquilles à rayons,* ou à *Sillons,* ou *Moules en peigne,* (lat. Pectines). On en trouve de grandes & de petites, à coquille épaiſſe & à coquille mince, ou ventruës deſſus comme deſſous, ou inégales, c'eſt-à-dire concaves d'un côté & plattes de l'autre, *à une oreille, à deux oreilles,* & quelques unes *ſans oreille,* auxquelles, quand elles ſont belles, on donne les noms de *Manteaux bigarrez,* ou de *Manteaux Royaux,* ou d'autres pareils. Celles qu'on voit ici fig. 2. & 2. ſont des *Manteaux bigarrez, à oreilles égales,* que quelques uns apellent auſſi, *Moules volantes,* à cauſe des bonds qu'elles fond en s'élançant hors de l'eau. La Coquille en eſt mince, & reſſemble aux Couvercles plats de ces *Moules à rayons,* dont la Coquille inférieure eſt aſſez épaiſſe & ventruë. L'une & l'autre ont en travers des entailles fines, qui y forment une eſpéce de grillage, & ne différent que par la couleur.

Figure 4 Quand quelques Eſcargots n'ont pas la Coquille auſſi épaiſſe & ventruë que les *Buccina* ou *Coquilles Sabotes,* on les nomme *Strombi,* ou *Aiguilles,* telles que nous en avons vû deux dans la prémière Partie, Pl. VI. fig. 1. & 2. Quoique Rumph mette celles-ci au rang des *Buccina,* elles n'apartiennent réellement point à cette eſpéce. Mais Rumph donne à une autre ſorte le nom de *Strombi,* que nous avons apellé *Aiguilles;* celles-ci ſont beaucoup plus longues, & leurs Contours ne ſont point plus épais proportionellement l'un que l'autre, puis qu'ils diminuent tous également peu à peu. On en a vû dans la prémière Partie, Pl. VIII. fig. 6. & 7. Pl. XI. fig. 5. & Pl. XXIII. fig. 4. & 5.

Tout comme il y a donc entre ces *Buccina,* qui ſont en même tems des *Strombi* ou *Aiguilles,* une qualité intermédiaire, à laquelle on donne le nom de *Fuſeaux,* (a) (voy. Part. I. Pl. XX. fig. 1.), de même il faut placer entre ceux-ci encore un eſpèce de petits Eſcargots, qu'on nomme ou *Turriculæ,* ou *petites Tours,* qui reſſemblent à la vérité par le haut aux *Fuſeaux,* mais dont

a) en allem. *Spindeln,* lat. *Fuſi.*

B 3

dont la partie inférieure fe termine par un Conduit moins long; telles font les Coquilles repréfentées ici fous les Figures 4. ſ. 6. & 7. Nous avons déjà donné cy-deſſus Part. I. Pl. XV. fig. ſ. & 6. la Defcription d'un Efcargot pareil. A préfent nous continuerons à décrire les *petites Tours* qu'on voit fur la Planche, auxquelles R u m p h donne auſſi le nom de *Turriculæ*, quoiqu'il les place au rang des *Buccina* ou *Coquilles Sabotes*.

L'Efcargot donc, que la Figure 4. repréſente, eſt une *petite Tour pliſſée*, (*Turricula plicata*. (a) On y remarque en travers des entailles ou Sillons profonds, fort ferrez l'un contre l'autre, & du haut en bas des bourrelets ou plis élevez. L'Embouchure fe termine comme celle d'un *Fuſeau obtus*. Sa couleur eſt gris de cendre, & les Contours font fort marquez.

Figure ſ. eſt auſſi une *petite Tour*, dont la Coquille eſt beaucoup plus mince, & a pourtant des Sillons fort fins. Sa Couleur eſt peu voyante & fa fuperficie rude à l'attouchement. Les Contours font tellement ferrez, que la Coquille reſſemble à un Cornet de papier obliquement plié. On peut diſtinguer au bout le nombre des tours. L'embouchure eſt blanche.

Figure 6. eſt encore une *petite Tour pliſſée à Coquille fine.* Ses plis font traverſez par des anneaux profondement entaillez & font d'un jaune foncé.

Figure 7. eſt une *petite Tour unie*, à *Coquille mince*, brune de couleur, & entourée de lignes fines. On voit tout autour de petits points blancs rangez à diſtance égale. L'Embouchure eſt plus brune que blanche, & les taches blanches paroiſſent à travers.

P L A N C H E IV.

Figure *1.* R u m p h met cet Efcargot à la tête des *Volutæ*, ou *Coquilles en Cone*, & l'apelle *Cymbium*, c'eſt-à-dire *Vaiſſeau à boire*, en hollandois *gekroonte Back*, ou *Kroonboorn.* Or quoique *Rumph* foit le principal Auteur fiſtématique relativement à tout ce qui concerne les Coquillages, il lui eſt arrivé en ceci, de même que dans d'autres occaſions, de n'être pas fuivi par les Amateurs, qui n'ont voulu ni lui paſſer le nom *d'Efcargot à Couronne*, ni l'intercalation de cette Coquille parmi celles qu'il apelle *Volutæ.* Et en effet on verra cy deſſous Pl. XI. fig. 2. un *Cornet*, auquel ce nom de *Corne à Couronne* eſt affecté, & quant à la Claſſe, dans laquelle cet Efcargot doit être rangé, il y a long-tems que les Hollandois en ont fait une efpèce particulière, qu'ils nomment *Bakken*, c'eſt-à-dire *Auge*, ou *Auget.* Car les Hollandois donnent le nom de *Bak* à tous les Vaiſſeaux de bois creufez, dans lesquels on peut mettre quelque chofe, comme dans une petite Auge. Ainfi ils apellent *Bakken*, ou *Augets*, toutes les Coquilles, qui ont une embouchure large, & creufée en long, plus ou moins ventruës, & c'eſt par cette

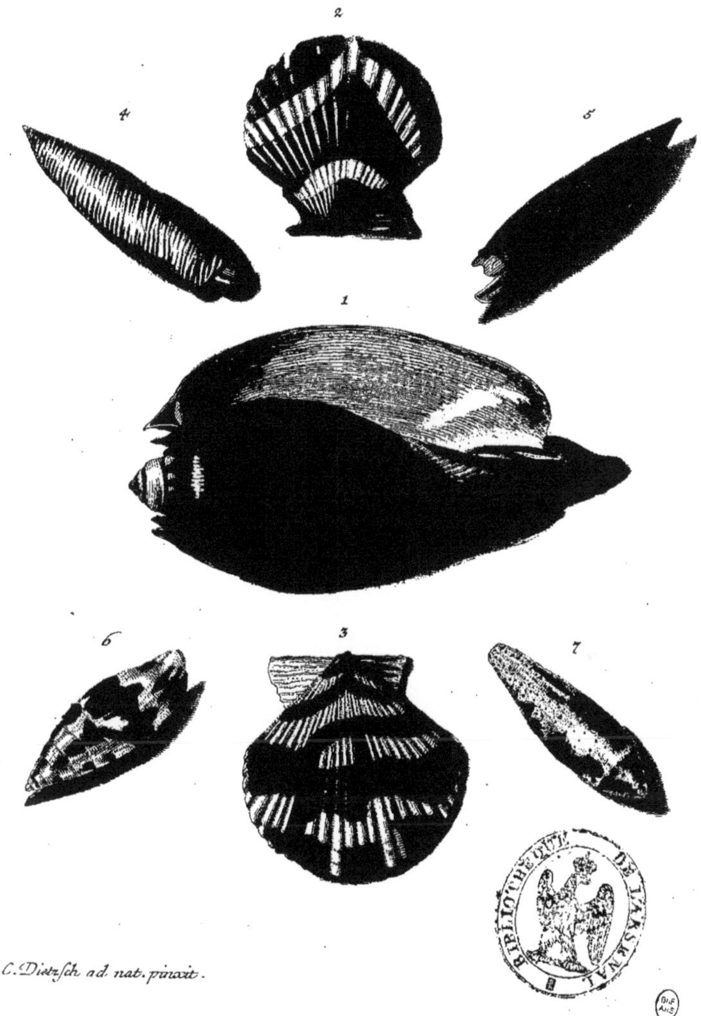

J.C.Dietzsch ad. nat. pinxit.

te raifon qu'ils donnent à quelques Cornets le nom d'*Auget d'Agate*, parce que leur embouchure eft plus large & plus ventruë qu'aux Cornets ordinaires, comme nous l'avons remarqué à la prémière Planche de la préfente Partie.

L'Efcargot, dont il eft queftion ici, eft proprement le *gekroonde Tepel-Bak* des Hollandois, ou l'*Auget couronné en bout de Teton*, ou l'*Efcargot en Auget*, que quelques uns apellent *Efcargot en Gondole*. On lui donne l'épithète de *couronné* à caufe de la dentelure qui regne autour du prémier Contour, (voy. Part. I. la defcription de la figure 7. de la prémière Planche.) On l'apelle *Bak* ou *Auget*, parceque l'embouchure en eft large & ventrue, car on trouve de ces Efcargots, qui ont jufqu'à 15. & 16. pouces de longueur fur 9. de largeur. Enfin on le nomme *Auget à bout de teton*, (a) à caufe que les petits Contours, qui avancent, reffemblent à un bout de Teton. Cette Coquille eft unie & brillante. La Couleur en eft brune, fur laquelle on remarque deux bandes un peu plus foncées. On y voit des Lignes fines tout du long. La Couleur intérieure eft un blanc tirant fur le jaune. ^{(a) Zizenbak.}

Figure 2. & 3. font des *Manteaux bigarrez*, à l'égard desquels nous avons déjà dit le néceffaire cy-deffus (voyez la Defcription de la Figure 2. & 3. de la Planche précédente.) Nous n'y ajouterons rien ici, d'autant plus que ces deux Coquilles ici ne diffèrent des précédentes que par le deffein, ce qui eft plus aifé à voir fur la planche que par une defcription. Je remarquerai feulement que le *Manteau bigarré* repréfenté fig. 3. a de petites écailles blanchâtres. L'une & l'autre font également ventrues.

Figure 4. & 5. Ces Coquilles d'une efpéce particulière portent les noms de *Tuyau de paille, Tuyau marin*, & quelques fois celui d'*Avoine marine*. Elles reffemblent peaucoup à celles, que R u m p h apelle proprement *Barroir de Tonnelier*, & apartiennent à la Claffe des *Efcargots en rouleau*. Elles font auffi minces & auffi legères que fi elles étoient de paille, & l'animal qui y habite s'élance affez fouvent hors de l'eau par un bond fi violent, qu'une fléche décochée ne part pas avec plus de force, ce qui a fourni à quelques amateurs l'occafion de lui donner le nom d'*Efcargot en fléche*. Ces Coquilles font abfolument unies, & ont un beau brillant. La Couleur en eft ou planche comme neige, ou bigarrée. fur quoi l'on obferve des lignes & de beaux deffeins. La partie inferieure fe préfente toujours comme fi on en avoit rompu un morceau.

Figure 6. eft une *petite Tour*, femblable à celle que nous avons décrit cy-deffus, Pl. III. fig. 5. avec cette unique différence, que cette Coquille-ci a davantage de taches blanches fur un fond plus rougeâtre.

Figure

16

Figure 7. repréfente l'Efcargot de la Claffe des *Rouleaux*, que Rumph apelle le *Barroir de Tonnelier grainé* (*Terebellum granulatum*), que quelques uns nomment auffi le *Chaton grainé*. Il eft entouré d'une grande quantité de petits Cerceaux élevez, & l'on remarque fur ces Cerceaux de petits points noirâtres, qui ne font pas fort élevez. Il y a une autre efpéce de ces Coquilles, qui font plus larges, qui n'ont point de Cerceaux, mais beaucoup de rangées de grains tous élevez.

PLANCHE V.

Figure 1. On voit au milieu de cette Planche une *Toupie* ou *Sabot* admirable, qui fe diftingue fort par fa beauté. Rumph l'apelle *Trochus primus, five maculofus*, ou la *grande Toupie tachetée*. La partie inférieure en eft plus large & la pointe à proportion moins haute qu'aux autres Toupies; outre cela la Coquille en eft forte & péfante. Elle eft toute pleine de Flammes en ondes, qui font rouge tirant fur le brun, & d'un verd foncé au dernier Contour. Il feroit fuperflu d'en dire davantage après les defcriptions que nous avons données de quelques Toupies Part. I. Pl. XII. fig. 1. & 4. Pl. XXV. fig. 3. & 4. & Pl. XXX. fig. 6.

Figure 2. eft un *Cornet à bandes* qui apartient à la Claffe de ceux, qui portent le nom d'*Amiraux des Indes occidentales*, Il a beaucoup de raport avec l'Efcargot dont on a vû la defcription Part. I. Pl. VII. fig. 3. Nous y renvoyons nos Lecteurs, de même qu'à ce que nous avons dit dans cette feconde Partie à l'occafion de la prémiére figure de la prémiére Planche.

Figure 3. Cet Efcargot eft celui, auquel on donne le nom de *Voluta Spectrorum*, le *Rouleau des Spectres*, ou le *Spectre*, parce qu'on prétend que les rayes jaunes, qui s'y trouvent, reffemblent à ces Spectres, dont on trouve la figure deffinée fur quelques Cartes Géografiques de l'Afie, derriere la grande muraille de la Tartarie, au Deffert de *Lob*. Dénomination par conféquent qu'on eft allé chercher bien loin.

Figure 4. eft un beau *Manteau bigarré*, rougé de Cinnabre, qui ne fe diftingue de ceux que nous avons décrit & figuré cy-deffus Pl. III. & IV. que par quelques taches blanches rares.

Figure 5. eft une Coquille fort mince & peu confiderable. Elle eft rude à toucher. On la met au rang des *Efcargots en boule*, quoique vû fa Structure elle ait quelque raport avec les *Efcargots-Porcelaines*.

PLANCHE VI.

Figure 1. repréfente la même Toupie, que nous avons vû fur la Planche précédente, fig. 1. & dont nous avons donné la defcription. Ici l'on

en

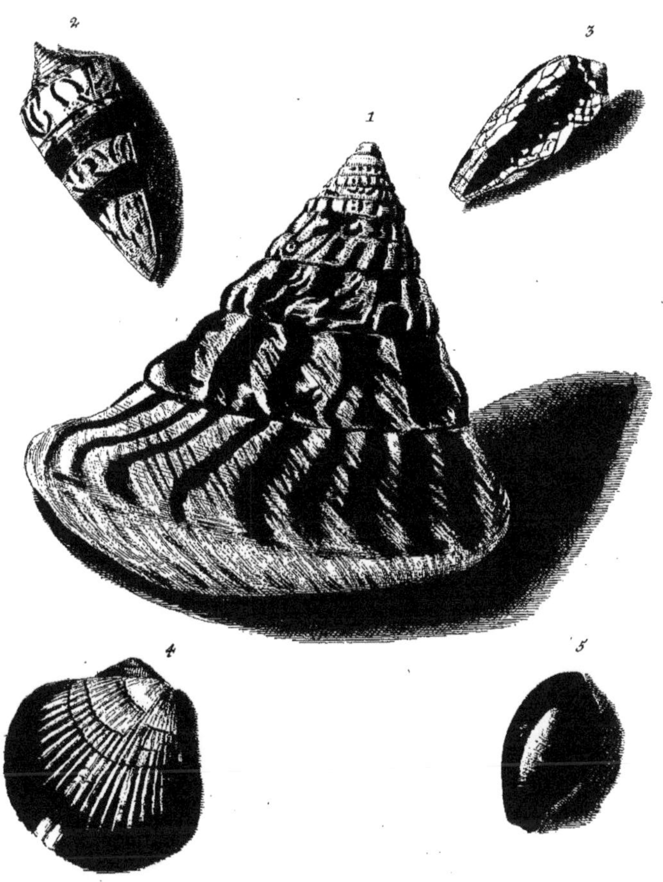

Ex Museo Schadeloockiano.

Io. Conr. Kleemann ad nat. pinxit.

Ex Museo Schadeloockiano.

Jo. Conr. Kleemann ad nat. pinxit.

en voit la partie inférieure, qu'on apelle le fond.   On aperçoit au milieu un Trou umbilical, qui va presque jusques à la pointe.   Tout autour on voit des anneaux un peu élevez, qui en font tout le tour en forme de rides ou de plis, jusques à l'embouchure.   En travers il y a des flammes rougeâtres sur un fond blanchâtre, qui au dehors sur les contours s'élèvent vers le haut.   A proportion de la grandeur de cet Escargot, l'embouchure en est petite & oblongue; cependant l'écuffon qui ferme cette embouchure est rond, mais mince comme une lame de fer blanc, & tout garni de petites lignes rondes.   La Couleur est rouge tirant sur le brun. La Coquille au dedans reffemble à de la Nacre de petite qualité, & n'a guéres de brillant, mais elle est épaiffe & forte, quoique le bord extérieur de l'embouchnre paroiffe être mince.

Figure 2.   Nous avons déja parlé des *Fuseaux* dans la prémière Partie, à l'occafion de la prémière Figure de la vingtième Planche.   Ainfi tout ce que nous pouvons dire ici de l'Escargot figuré ici, c'est qu'il est d'une plus petite espéce que la Coquille, dont on a vû la defcription au lieu cité, où nous renvoyons le Lecteur.   Cependant nous repeterons ici la remarque que nous avons faite plus d'une fois, c'est que les Coquilles relativement à leur ftructure & à leurs couleurs ne paffent pas tout d'un coup d'une Claffe à l'autre, mais fucceffivement & par dégrez.   Quoique nous mettions donc cet Escargot au rang des *Fuseaux*, il ne faut pas conclure de là, que ce foit un *Fuseau parfait* à tous égards, car les véritables *Fuseaux* parfaits font plus étroits, & ont l'embouchure beaucoup plus longue.   Cependant comme celui-ci a auffi une embouchure affez longue, & que fes Contours font fort élevez, on ne peut le mettre ni parmi les *Coquilles Sabotes*, ni parmi les *petites Tours*, & encore moins parmi les *Escargots* b)*Schraub-* *à Vis.* (b)   Ainfi on fe trouve dans le cas ou de faire de celui-ci tout feul *Schnecke.* une espéce particuliéré, ou de le ranger dans la Claffe de ceux qui lui reffemblent le plus, qui font les *Fuseaux.*

Figure 3.   On fçait qu'il y a quelques *Escargots en Cone*, auxquels on affecte le nom de *Couffin à dentelles*, & nous avons vû cy-deffus Part I. Pl. VII. Fig. 3. & 6. que quelques Auteurs donnent ce nom aux deux *Cornets façon d'Amiral*, dont on trouve le deffein fur la planche alléguée; mais pour la Coquille dépeinte ici, c'est le véritable & le plus beau des *Couffins à dentelles.*   La Couleur en est verdâtre en haut & en bas.   On y voit au milieu & en bas une bande blanche décorée des deux côtez par des points d'un brun foncé.   La figure en est conique, le fond affez plat, du milieu duquel il fort une pointe.   La Coquille est brillante comme de la Porcelaine, & l'Embouchure rouge de Cinnabre.   Il y a encore plufieurs espéces de *Couffins à dentelles*, mais qui différent toutes entre elles par les couleurs. On n'a d'autre raifon de donner à ces Coquilles le nom de *Couffin à dentelles*, que parceque les taches brunes, les flammettes, & les points qu'on y remarque, reffemblent, à ce qu'on prétend, aux rangées d'épingles, qu'on voit fur les Couffins, fur lesquels on travaille à faire les dentelles, & qu'on apelle en hollandois *Speldenverks-Kueffen.* Cette invention n'eft-elle pas fort heureufe? Elle fert du moins à nous convaincre, qu'il y a au monde des gens, qui ont l'imagination beaucoup plus vive que nous. Ce qu'il y a de facheux, c'eft que nous nous trouvons dans le cas de nous fatiguer par une recherche de dénominations, qui d'ailleurs ne fourniffent aucune matiere à penfer.

Figure 4. On a indiqué dans la prémière Partie Pl. XV. Fig. 5. & 6. qu'il y a auffi une efpéce d'Efcargots, qu'on apelle *Petites Tours,* & nous avons préfenté au Lecteur fur la dite Planche un Modéle parfait de la Figure, qu'a une *petite Tour proprement ainfi dite.* Mais comme il y a des Anomalies dans toutes les Claffes, on trouve auffi des *Coquilles bâtardes* dans celle-cy. Telle eft celle, que notre Figure 4. repréfente. Elle a une pointe obtufe parceque le Contour fupérieur eft plat, & n'avance point; d'ailleurs les Contours font fort ferrez l'un contre l'autre. La Coquille en eft fale, jaune de couleur, peu voyante, & un peu rude à toucher. Quant à fa Configuration elle a beaucoup de raport avec celles qu'on nomme *Oreilles de Midas.*

Figure 5. Voici encore une Anomalie, car cette Coquille eft auffi une efpéce de *petite Tour,* dont cependant l'embouchure eft moins étroite qu'aux autres, & au contraire auffi large qu'aux *Coquilles Sabotes;* mais les Contours y font élevez comme aux *petites Tours,* avec cette difference remarquable pourtant, qu'ici les Contours font leur circuit l'un fous l'autre de loin à loin, de forte qu'il y a toujours entre deux un efpace ou façon de Conduit, qui s'élève du bas en haut en ligne fpirale. Ce Conduit eft profond & reffemble à un Sillon. La Coquille eft affez épaiffe, blanche de couleur, fur laquelle on voit des taches d'un jaunâtre pâle difpofées regulièrement. Le Conduit large & en Sillon qui s'élève en haut entre les Contours en ligne fpirale, & qu'on ne peut pas voir fur cette Planche, vû la pofition de la Figure, eft blanc comme neige, & n'a point de taches.

PLANCHE VII.

Figure 1. On trouve parmi les *Efcargots de Figure conique* quelques Coquilles, qu'on nomme *Gateaux au beurre;* (a) & nous en avons vû une cy-deffus, Part. I. Pl. XVII. fig. 4. Leur Structure eft *conique,* & n'aboutit pas en angle vers le fond, dont les bords font arrondis. On voit fortir du milieu du fond les Contours avec une petite pointe, qui empéche la Coquille de fe tenir fens deffus deffous. Elle eft de Couleur égale quant au fond, fur laquelle on remarque quelques rangées de taches. Quand

(a) *But-*
tervveken.

ces

Ex Museo Schadeloockiano.

Jo. Conr. Kleemann ad. nat. pinxit.

ces Caractéres se trouvent ensemble, on met alors cet Escargot dans la Classe des *Gateaux*, quoique d'ailleurs les *Gateaux* ne soient pas toûjours de cette Couleur. Car les *Gateaux au beurre*, proprement ainsi dits, sont jaunes, tachetez de brun. L'Escargot donc, dont il s'agit ici, est compté parmi les *Gateaux*, nonobstant qu'il soit blanc de couleur & tacheté de jaune, parceque sa structure est pareille à celle des autres *Gateaux*.

Figure 2. On apelle *Murices* (a) la plûpart des Escargots qui ont des aiguillons. Je dis la plûpart, car il y en a quelques uns qui ont des aiguillons, auxquels on ne laisse pas de donner un nom different. Ajoutez à cela encore un Caractére distinctif, c'est que le prémier Contour, les autres qui avancent, l'embouchure, ressemblent par ces mémes parties aux *Buccina*, ou *Coquilles Sabotes*, soit que l'embouchure se termine en bec long ou court. Ainsi les *Escargots à aiguillons* dépeints Part I. Pl. XXVII. Fig. 1. & 5. Pl. XXII. Fig. 3. 4. & 5. Pl. XXV. Fig. 5. & 6. Pl. XXX. Fig. 1. & dans cette Seconde Partie Pl. II. Fig. 2. & 3. & Pl. III. Fig. 1. ne sont point des *Murices*, quoi qu'ils aient des aiguillons, n'ayant d'ailleurs rien de commun avec les Contours & l'Embouchure des *Coquilles Sabotes*. Mais on doit donner ce nom à tous les Escargots, dont on a vû la Figure dans notre prémiére Partie Pl. XI. fig. 3. & 4. Pl. XXV. Fig. 1. & 2. & Pl. XXVI. Fig. 1. & 2. Il n'est pas justement nécessaire qu'ils ayent des aiguillons pour étre qualifiez de ce nom, car dès-qu'ils ont une Structure semblable à celle des *Coquilles Sabotes*, & qu'au lieu d'aiguillons on n'y remarque que des *Frisures*, des *feuilles*, des *bossettes*, ou d'autres *élevations*, Rumph les apelle déja *Murices*, & les range dans cette Classe, & c'est par cette raison que le méme Auteur met dans le rang *des Escargots à aiguillons le petit Puisoir* représenté Part. I. Pl. XII. Fig. 2. & 3. Et cela suffit pour prouver que la présente figure doit étre placée parmi les *Murices*. On l'apelle en particulier *Murex Saxatilis*, c'est à dire le *Murex de Rochers*, (b) ou *pierreux* parcequ'on le trouve ordinairement sur les rivages pierreux, & garnis de rochers.

Figure 3. représente le méme *Murex Saxatilis* de l'autre côté, où l'on peut voir l'embouchure. Celle-ci est garnie d'un bord retourné, où l'on voit de fortes côtes couleur de safran. Le dedans de la Coquille est rougeâtre, & blanc pour la plus grande partie.

Figure 4. Après les deux Figures, dont nous venons de donner la déscription, il y a encore une petite espéce, que Rumph qualifie du nom de *Murex minor*, & qu'on apelle à cause de sa couleur brune ou noirâtre la *Corne brulée*, ou le *Tison*, en Hollandois *Brandarisse*. (c) Nous avons déja donné la figure & la déscription d'une de ces *Brandarisses* dans la prémière Partie Pl. XXVI. Fig. 1. & 2. où on la peut voir de deux cotez. Mais il y en a encore d'autres espéces, & Rumph en spécifie quatre, savoir

1.)

(a) Nous avons deja vû cy-dessus que *Murex* est un petit Poisson à Coquille, dont les anciens faisoient leur couleur de pourpre.

(b) en allem. Stein-Stachel-Schnecke.

(c) en allem. *Brandhorn*

1.) la *grife*, 2.) la *noire*, 3.) la *brune*, 4.) la *pâle*. Celle, que nous avons figurée fur la dite Planche XXVI. de la prémière Partie, eft la troifième efpèce de celles que Rumph indique, c'eft-à-dire la *brune*. Sur la préfente Planche Fig. 4. nous en voyons une de l'efpèce *noire*. Quoique Rumph ne donne proprement le nom de *Corne brulée* ou de *Tifon* qu'à cette dernière efpèce, cela n'empéche pas qu'en Hollande on ne qualifie toutes les quatre efpèces du nom de *Brandariſſe*, fans les diftinguer relativement à leurs couleurs autrement, fi ce n'eft par le mot *een ander Soort*, c'eft à dire *une autre Sorte*.

Ce qu'il y a à remarquer fur l'efpèce *noire*, c'eft que les dents ou fourchons n'y font jamais auffi frifez qu'à l'efpèce *brune*, & que toutes les élevations de la Coquille, ou les pointes qui en fortent, font noires comme du charbon, au lieu que tous les Sillons ou profondeurs, qu'on voit entre les Frifures, les côtes, & les boffetes, font blanches comme neige, ce qui rend cette Coquille très-belle. Il eft facheux qu'on n'en trouve point qui ne foit endommagée à l'extrèmité de la pointe du Contour fuperieur. Ordinairement cette pointe eft comme raclée ou ouverte d'un limon de Mer, qui eft une efpèce de chaux. Rumph donne auffi à cette Coquille le nom de *Fer de Moine*, en allemand *Muencheifen*, en hollandois *Munk-yzer*.

Figure 5. repréfente la même Coquille de l'autre côté, où l'on voit une embouchure ronde, qui aboutit en un bec ouvert & fendu, ou, fi l'on veut, en queuë. La Couleur en eft blanc de chaux, ou bleuâtre. Au refte la Coquille eft ici plus épaiffe & plus groffière, qu'aux autres efpèces, & on la trouve fur les rivages pierreux.

PLANCHE VIII. •

Figure 1. Nous trouvons encore dans Rumph une autre efpece d'Efcargots, qu'il nomme *Cochleæ globofæ*, ou *Efcargots en boule*, (a) que les Hollandois apellent à préfent *Bellhoorns*, ou *Efcargots en grelots*. (b) Proprement on ne devroit mettre dans cette Claffe, que les Efcargots formez en *Veffie*. Il eft vrai que Rumph y en range encore d'autres, qu'il conviendroit mieux de placer parmi des efpèces toutes differentes.

Ainfi Rumph compte entre les *Efcargots en boule* un certain *Cornet depofte*, voyez Partie I. Pl. II. Fig. 4. & 5. que felon nous il auroit mieux convenu de ranger dans la Claffe des *Cornets en Pofte* proprement ainfi nommez (voy. encore la même Planche II. que nous venons d'allèguer, Fig. 6.) Il en ufe de même à l'égard des *Efcargots à longuevûë* (c) (voy. Part. I. Pl. XI. fig. 1. & 2. qui, à ce qu'il nous femble, ont beaucoup plus de raport avec les *Cornets en Toupie* ou en *Sabot*, (d) & avec l'Efcargot dépeint Part. I. Pl. XVII. Fig. 1. de forte que nous aimerions beaucoup mieux les ranger parmi les *Cafques*, de même qu'à l'égard de la *Figue* & du *Flaccon marin*, ou de la *Rave*, (voy.

P. I.

(a) *Kugel-Schnecken.*
(b) *Schellen-Schnecken.*
(c) *Perpectiv-Schnecke.*
(d) *Krauſelboerner.*

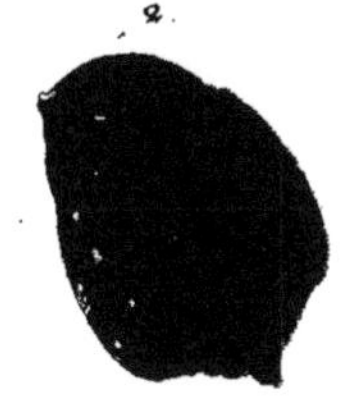

Ex Museo Schadeloockiano.

Jo. Conr. Kleemann ad. nat. pinxit.

P. I. Pl. XIX. Fig. 4. & 5.) qui feroit mieux à fa place dans la Claffe des *Figues*, ou des *Efcargots en poire*. On ne fauroit difconvenir, & nous reconoiffons nous-même, que c'eft un Ouvrage pénible, de diftribuer tous les Efcargots en Claffe, fans qu'il y ait rien à critiquer, à moins qu'on ne veuille multiplier à l'infini le nombre des efpèces. Car les anomalies font trop fréquentes, & les piéces ont individuellement trop de raport entre elles.

Pour ce qui regarde l'Efcargot dépeint dans la préfente figure, on peut à bon droit le ranger parmi les *Efcargots en boule*, ou les *Efcargots en grelots*. On l'apelle communement la *Veffie* à caufe de fa configuration, ou *l'Oeuf de Vaneau* par raport à fes couleurs & les deffeins, qu'on y obferve. La prémière de ces dénominations eft fondée fur ce que cette Coquille eft ronde, ventruë, & très-mince, & l'autre parce qu'on remarque fur un fond bleuâtre tirant fur le blanc, des taches & des points d'un bleu tirant fur le noir, femblables à ceux dont les *Oeufs de Vaneau* font marquez. Il eft vrai, qu'il y a auffi des *Veffies* blanchâtres, gris de cendre, brunes, jaunâtres, & de couleur égale. L'embouchure a plus d'étenduë que l'Efcargot même, & eft de couleur aqueufe. Les Contours font roulez les uns fur les autres, de façon qu'on ne voit que le prémier, & au lieu qu'aux autres Coquilles ils fe terminent en pointe, fi petite qu'elle foit, on obferve à celle-ci au contraire un trou qui pénètre jusques au milieu du dernier Contour intérieur, & fe préfente pour ainfi dire comme un *Trou umbilical*.

Figure 2. En décrivant dans la prémière Partie la *Harpe* qu'on y voit fur la Planche IX. Fig. 3. nous avons dit pourquoi nous l'apellons *Coquille en forme de poire*. R u m p h la met parmi les *Cylindres* ou *Calandres* (a) qu'il nommé *Volutæ*, mais nous trouvons qu'elle diffère trop confidérablement des *Calandres*. Quoiqu'il en foit nous préfentons ici une autre façon de *Harpe*, qui refte toûjours petite, & qu'on apelle, vû fa beauté toute particulière, la *Harpe noble*, (b) pour la diftinguer de l'autre.

Figure 3. Nous avons parlé affez au long de la difference, qu'il y a entre les Efcargots en *Cone*, en *Piramide*, en *Calandre*, en *rouleau*, & autres, & nous nous en tiendrons là en attendant la Claffification fiftématique, que nous nous fommes propofé de donner à la fin de cet ouvrage, comme une Table des matiéres. Cependant il eft clair, que les meilleurs Auteurs, fans en excepter R u m p h, ont fort confondu ces figures, (j'entens par là les *Cones*, les *Piramides*, les *Cylindres*, les *rouleaux*, & autres femblables) & qu'il manque par tout une dénomination exaête. Nous remarquerons toûjours, que la Figure repréfentée ici eft une des *Voluta* ou *Rouleaux* de R u m p h, qui ajoute au nom de *Voluta* l'épithéte de *pennata*, c'eft-à-dire garnie de plumes, ou *empennée*, parceque les lignes jaunes, qu'on y obferve, reffemblent presque à des plumes. Or on a une certaine efpèce de Volaille à plumes couleur d'or à flammes, qu'on apelle en Hollan-

(a) *Wal-*
zen-
Schnecken.

(b) *Die*
edle Har-
pfe.

C 3

de

de *Goudlakens*, ou *Draps d'or*, & comme cette Coquille a des parties, qui reſſemblent à ces plumes couleur d'or, on l' apelle *Drap d'or*, & on lui donne auſſi le nom de *Francolin*, en hollandois *Kœrboen*. On a vû une Coquille pareille dans la Partie. I. Pl. XVIII. Fig. 6.

Figure 4. Cet Eſcargot apartient à la même Claſſe, où l' on range le précedent. Ce n'eſt que parce qu'il diffère des autres par le deſſein, qu'on lui a donné un nom particulier. Rumph l'apelle le *petit Chat*, ou la *Chaton tacheté*. Et comme on qualifie à préſent du même nom pluſieurs autres Coquilles de cette Claſſe, quoiqu'elles en ſoient differenciées par les couleurs & par les deſſeins, & même par la Conformation, nous n'avons pas manqué d' indiquer tout cèla en détail là, où il en a été queſtion. Voyez Part. I. Pl. VII. fig. 6. Part. II. Pl. I. fig. 1. Pl. IV. fig. 7.

Figure 5. Nous avons vû Part. I. ſur la Planche VII. fig. 3. un *Eſcargot en boule* de la Claſſe des *Eſcargots nageans*, ou *Eſcargots en jaune d'œuf*. C'eſt celui que Rumph apelle *Valvata lævis prima ſive Vitellus*, c'eſt-à-dire le *prémier Eſcargot à battant*, ou à *Volet*, ou le *jaune d'œuf*, que cet Auteur met au rang de ceux qui ſont formez en *demi-Lune*, ou des *Eſcargots à battant*. Nous trouvons ici un *Jaune d'œuf* pareil, qui mérite ce nom par preference, parce qu'à l'égard de la Couleur comme de la Structure, il eſt parfaitement ſemblable à celui, dont Rumph fait mention ſous la même qualification; car il eſt uni au dedans, & blanc comme neige, & au dehors il a une rangée de taches blanches, & un *Trou umbilical* à l'embouchure. Mais comme ce *jaune d'œuf* paroit un peu plat & tiré, ce pourroit bien être la troiſieme eſpèce de celles, dont parle Rumph, ou ſon *Vitellus compreſſus*, c'eſt à dire *Jaune d'Oeuf comprimé*, car il reſſemble à un *Jaune d'œuf* poſé ſur une aſſiette, que ſon propre poids applatit.

PLANCHE IX.

Figure 1. L'Eſcargot, qui ſe préſente ici, eſt un de ceux qu'on nomme *Caſques*, cependant d'une ſorte un peu anomale. Il a en quelque façon la figure des *grands Eſcargots nageants*. Il eſt très-grand, verd foncé de couleur, avec des flammes blanches, ayant une Coquille épaiſſe & péſante, garni de bourrelets forts au deſſus des Contours, & intérieurement de couleur de nacre. On les aporte des *Iles Antilles*, & on en fabrique des Gobelets ou Vaiſſeaux à boire, tout comme des Coquilles qu'on apelle *Carènes*, ou *Quilles de Vaiſſeau*.

Figure 2. Ceci eſt un *Caſque* parfait qu'on apelle par préférence le *Caſque rouge* à cauſe de ſa couleur. La Coquille en eſt fort péſante & dévient très-grande. Elle eſt belle à voir, non ſeulement à cauſe des entailles fines qu'on voit ſur ſon dos & des lignes blanchâtres qui les traverſent, mais auſſi par des élevations d'un beau rouge de ſang, qui y ſont diſtribuées.

II

J.C. Dietzsch ad nat: pinxit.

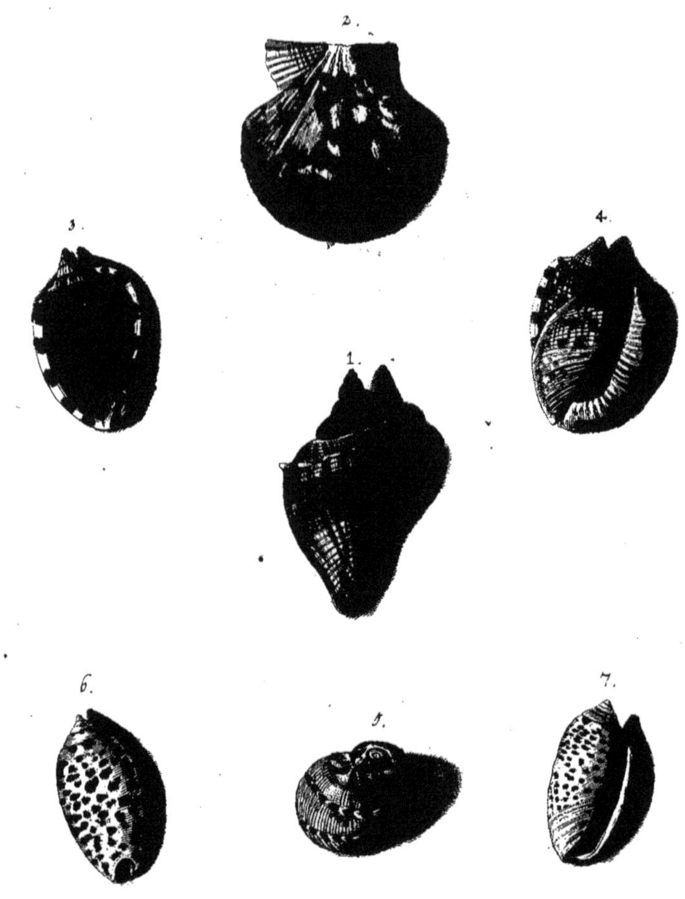

Ex Museo Schadelockiano.

Jo. Conr. Kleemann ad nat. pinxit.

Il eſt dommage, que ce dos ſoit rarement net. Cela provient de ce que l'Animal vivant ordinairement dans un ſable mouillé, le dos étant hors de l'eau, il y croit un Limon marin de la nature de la chaux, qui couvre la partie de la Coquille qui ſort du ſable, & ce limon s'incruſte tellement dans la Coquille, qu'on ne peut l'en détacher que difficilement ou point du tout. L'Embouchure en eſt grande, couleur de feu, & armée de dents fortes de deux côtez. On nomme ces Eſcargots des *Caſques*, à cauſe qu'il reſſemblent à ce qu'on prétend à un *Caſque de Cuiraſſier*.

PLANCHE X.

Figure *1.* On met cet *Eſcargot en forme de figue* au nombre des *Caſques* à *verruës*, ou *raboteux*, quoique ſa Coquille ſoit unie. Son nom diſtinctif particulier eſt la *Queuë de Tortuë unie*. On l'apelle *Queuë de Tortuë*, parce qu'il ſe termine en bas par une Queuë courte & obtuſe, & comme il y a d'autres *Caſques raboteux* de la même Configuration, on nomme celui-ci, pour le diſtinguer, la *Queuë unie*. Quelquesuns l'apellent auſſi le *Drap de lit uni*, à cauſe des lignes qui traverſent la Coquille, & la font reſſembler à un Linceul tiſſu. Car il y a des *draps de lit dentelez ſimples & doubles*, comme nous avons vû dans la prémière Partie Pl. XVII. fig. 5. Cette Coquille-ci eſt mince & legère, un peu ridée par en haut, la Couleur en eſt bleuë ou brunâtre, & quelques fois grisâtre. On y remarque en travers une bande blanche tirant ſur le jaune, qui paroit intérieurement à travers l'embouchure, quand la Coquille eſt brune ou bleuë. Le prémier Contour a quelques veſtiges de dens, & l'on remarque là, où les Contours font leur tours, une eſpece de coûture profonde, de ſorte qu'on diroit que les Contours ne ſe touchent point.

Figure *2.* Nous avons déja vû Part. I. Pl. IV. Fig. 1. & 2. Pl. V. Fig. 1. & 2. Pl. VIII. Fig. 5. Pl. XIV. fig. 1. & 2. Pl. XVIII. Fig. 2. Pl. XIX. Fig. 2. & dans la ſeconde Partie, Pl. III. Fig. 2. & 3. Pl. IV. Fig. 2. & 3. & Pl. V. Fig. 4. qu'il y a quantité d'eſpèces de *Moules à rayons;* on en voit de ventrues également d'un côté comme de l'autre, & d'autres le font inégalement, il y en a à rayons groſſiers & à rayons fins, à oreilles égales & à oreilles inégales, d'une même couleur, & d'autres de pluſieurs Couleurs. Celle-ci eſt un *Manteau bigarré à rayons fins & oreilles inegales*. Chaque Coquille en eſt ventruë également.

Figure *3.* Il y a quelques *Caſques unis* & gris de Cendre, qu'on nomme *Ourlets*, (a) en hollandois *zoompjes*, & en voici un de cette eſpèce. Ce nom lui vient de l'Ourlet mignon, qui borde l'embouchure. Cet Ourlet eſt blanc comme neige, & eſt tacheté alternativement de brun & de noir.

On

(a) *Saumchen.*

On accorde à ces *Ourlets* l'épithéte *d'unis,* parce que le plus ordinairement ils font unis & brillans, & marquez quelquefois en échiquier, quelquefois par des ferpens, quelques fois par de fimples *points.* L'*Ourlet,* dont il eft queftion ici, différe de toutes ces efpéces de deux façons. Car en prémier lieu il n'eft nullement uni, puisqu'il a des entailles très-fines & mignonnes. tant en long qu'en travers, en forte qu'un Sillon (ou ligne creufe) eft ferré dans les deux fens l'un contre l'autre, de façon qu'ils fe traverfent tous. Cè que cette Coquille a en fecond lieu de particulier, c'eft qu'elle a fur le dos, ou à l'un des côtez, encore un autre Ourlet, qui vraifemblablement étoit l'ancienne embouchure, avant que la Coquille fut parvenuë à ce dégré de grandeur, & par cette raifon on l'apelle l'*Ourlet double.*

Figure 4. Ceci eft la Partie opofée du méme Efcargot, où l'on voit l'embouchure. Tout ce qu'il y a à remarquer à cette Partie, c'eft qu'elle eft dentée fort finement des deux côtez, & que la Couleur intérieure eft jaune.

Figure 5. Cet *Efcargot en boule* eft un beau *Jaune d'Oeuf à bandes.* Sa Coquille eft mince & marquée en travers de lignes fines & de bandes de diverfes couleurs. On peut le regarder comme apartenant à l'efpéce, que R umph apelle *Valvata quarta,* ou l'*Efcargot quatrième à battant,* quoi qu'il en différe un peu. Voyez la Planche précedente, qui eft la huitième, fig. 5.

Figure 6. Nous nous fommes expliquez fuffifamment dans la prémiére Partie, à l'occafion des Figures 1. & 7. de la quinzième Planche, fur ce que nous entendons par les *Efcargots en rouleaux,* & par les *Dattes,* & tout Lecteur intelligent verra aifément que la Figure, dont il eft queftion ici, apartient à la méme Claffe. Mais comme cette Claffe a qantité d'efpéces differenciées entre elles, il s'agit à préfent d'en déterminer les denominations diverfes. Quant à la Coquille, que l'on voit fur la Planche, on y remarque quelques taches, comme des goutes d'une pluye fine, & ces goutes tirant fur le bleu, on apelle ce Rouleau les *Goutes bleues.*

Figure 7. Quoique l'Embouchure de la préfente Coquille n'ait rien, quant à la Structure, qui la rende differente des autres *rouleaux ;* nous avons pourtant jugé à propos d'en préfenter ici la figure. Le Lecteur y verra, que cette Coquille eft intérieurement couleur d'orange, ce qui n'arrive pas toujours. Car on a des Coquilles de la méme efpéce, dont l'Embouchure eft rouge, ou blanche, ou bleue.

PLANCHE XI.

F*igure* 1. La figure 5. de la Planche VIII. & la figure 6. de la Planche X. nous ont déja fourni l'occafion, de parler amplement des *Jaunes d'œuf.* Ainfi nous n'avons rien à dire fur la coquille particuliére de la méme

efpéce

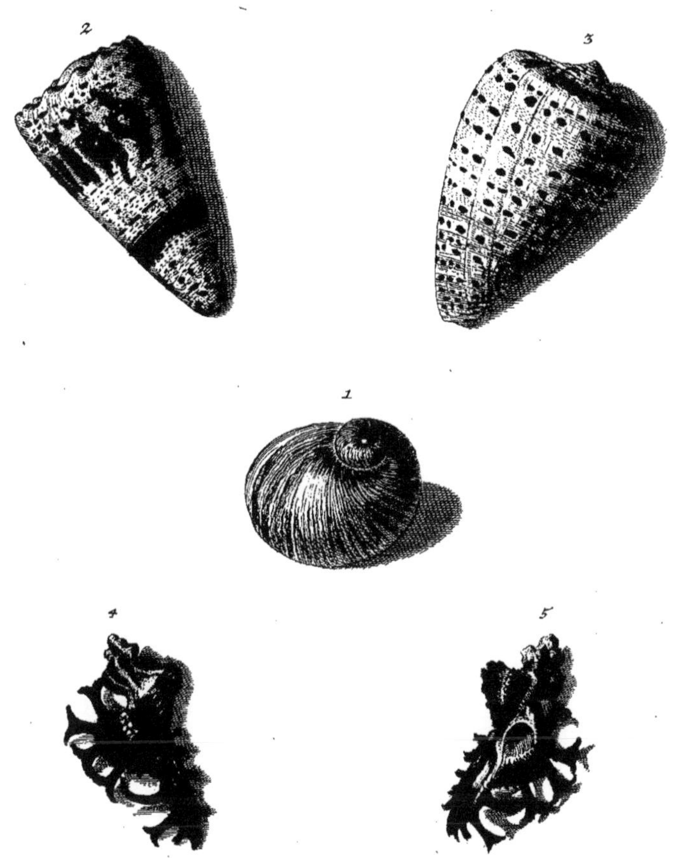

Ex Museo Schadeloockiano.

Joh. Conr. Kleemann ad. nat. pinxit.

espéce, qui eſt repréſentée ici, ſi ce n'eſt que c'eſt le *Vitellus pallidus* de RuMPII, c'eſt-à-dire le *Jaune d'œuf pâle*. Quelques uns donnent auſſi au même Eſcargot le nom de *Juif*, nous ne ſçaurions dire pourquoi.

Figure 2. La *Corne couronnée* (a), que cette figure repréſente, eſt incomparable & belle à charmer. On trouveroit difficilement, à l'exception des *Porcelaines*, une Coquille auſſi unie, auſſi luiſante, & auſſi brillante que celle-ci. Le deſſein en eſt ſi fin & ſi délicat qu'à peine l'on pourroit attendre de la nature une Produ&tion plus belle. Auſſi range-t-on cette piéce dans la Claſſe des *Amiraux*. Le fond en eſt blanc comme la Porcelaine de Saxe. On y remarque alternativement d'abord une Rangée de points jaunes éloignez à diſtance égale les uns des autres, & enſuite une rangée de points d'un brun foncé fort ſerrez les uns contre les autres, qui repréſentent autant de lignes noires, ce qui va ainſi du bas juſques en haut. Enfin ce fond, dont la Couleur eſt un blanc de Porcelaine, eſt entouré de deux larges bandes verdâtres tirant ſur le brun jaunàtre, dans les quelles on voit les mêmes lignes de points jaunes & bruns, qui alternent auſſi. Les Contours paroiſſent en haut, & avancent peu; cependant ils ſont garnis de dents, qui font comparer cet Eſcargot, de figure d'ailleurs conique, à une Couronne. L'embouchure eſt blanche, & les taches brunes paroiſſent à travers être de couleur rouge.

Figure 3. eſt un autre *Eſcargot en cone*, qu'on pourroit quaſi placer avec plus de raiſon parmi les *Augets*, parceque la Coquille n'aboutit pas en pointe en ligne droite comme aux autres Cones, mais qu'elle eſt un peu ventruë. Voyez nos Remarques ſur la prémiere Planche de cette ſeconde Partie. Cette Coquille n'eſt point auſſi belle que la précedente, & ſes Contours ſe terminent en une petite pointe un peu avancée. Au reſte on la nomme le *grand Gateau au beurre* (b) pour la diſtinguer du *petit Gateau*, qu'on verra ſur la Planche ſuivante. Nous avons vû des eſpéces ſemblables cy-deſſus Part. I. Pl. XV. fig. 3. & Pl. XVII. fig. 4.

Figure 4. La piéce repréſentée ici eſt un *Murex*, ou *Eſcargot à aiguillons*. Celui-ci differe des autres en ce que ſes Aiguillons, ou dents, ne ſe terminent pas en pointe, mais en extrémitez obtuſes qui ont chacune deux crochets, comme ſont faits les piez des Scorpions, ce qui a déterminé quelques Auteurs à lui donner le nom de *Scorpion*. En ſecond lieu ſa ſtru&ture eſt abſolument differente de celle des autres Eſcargots à aiguillons relativement aux Contours, qui dans la préſente Coquille forment comme un corps ſéparé poſé ſur la partie inférieure. La Queuë eſt longue, & garnie de dents obtuſes. Cet Eſcargot ne devient jamais plus grand. Sa couleur eſt brune, ou quelque fois griſe, ou un blanc ſale.

Figure 5. L'Embouchure de l'Eſcargot que nous venons de décrire eſt ronde, un peu entaillée, de couleur bleuâtre, & aboutit par la queuë en une fente longue & étroite.

Seconde Partie.   D   PLAN-

PLANCHE XII.

Figure 1. A l'occafion de la Coquille figurée cy-deffus Pl. X. fig. 6. nous avons dit, qu'il y avoit plufieurs efpeces d'*Efcargots roulez* ou de *dattes,* & la préfente Planche le prouve. La prémière figure eft une *Datte d'Agate bigarrée*, qui comme les autres a une Coquille épaiffe & brillante.

Figure 2. L'Embouchure du dit Efcargot eft blanche, tirant fur le bleu. Quand la Coquille eft verdâtre, on lui donne le nom d'*Olive*.

(a) en allem. *die kleine Buttervvecke.*

Figure 3. Ceci eft le *petit Gateau au beurre* (a) dont nous avons déjà dit un mot cy-deffus Pl. XI. fig. 3. Celui-ci diffère du *grand Gateau*, particulierement en ce qu'il a une Coquille plus épaiffe, & des lignes ou points d'un beau rouge plus régulièrement pofez fur un fond blanc.

Figure 4. & 5. Ces deux *dattes* ont la même Configuration que les précédentes: elles font feulement un peu plus ventruës. Elles portent le nom d'*Ane fauvage gris*. Le prémier Contour eft gris. Il femble qu'un Limon luifant y eft pofé deffus, à travers lequel on remarque diverfement des taches noires & blanches. Les autres Contours, qui avancent davantage, font jaunâtres. Il part enfuite de l'Embouchure une large bande de plufieurs Couleurs, qui paffant fur le dos entoure la Coquille en biais. Au refte l'Embouchure eft blanche, & a du côté du Contour un bourrelet très-épais, dur & blanc comme neige, qui n'eft produit que par la bave de l'animal. Cette bave entretient la coquille, & la fait croitre, ce qui produit de nouveaux Contours, & de nouvelles Embouchures, foit par les Loix de la Nature Créatrice, foit par le travail même de l'Animal.

PLANCHE XIII.

Figure 1. Parmi les Efcargots marins on en trouve de courts & de larges, mais il y en a auffi de longs & d'étroits, qu'on pourroit proprement nommer des *Vers marins*, & qui ne diffèrent en effet de ceux qu'on trouve en terre ferme, que parcequ'ils ont une Envelope durcie pour domicile, c'eft à dire une Coquille. Or ces *Coquilles en forme de canal*, & leurs femblables, font une Claffe particulière d'Efcargots, & on les regarde comme une feconde efpèce des *Efcargots à une Coquille*, tout comme on confidère les *Moules en plat*, les *oreilles marines*, & les *Ecuffons*, comme une feconde efpèce des *Moules à deux Coquilles*. On leur donne généralement le nom de *Solenes folidi*, c'eft-à-dire *Tuyaux folides*, & ce nom les diftingue de ceux qu'on apelle *Solenes bivalvii* ou *Tuyaux à deux battans*, tels que nous en avons vû un Part. I. Pl. XXVIII. fig. 3. Nous avons déjà repréfenté & décrit quelques uns de ces *Efcargots marins formez en canal* Part. I. Pl. XXIX. fig. 1. 3. 4. & 5. & comme il y en encore d'autres efpèces, nous en livrons derechef une dans la préfente figure. Cet *Efcargot en forme de Canal* porte fpécialement le nom de *Serpent en corne*, parcequ'il reffemble tant par fa Couleur,

1

2

3

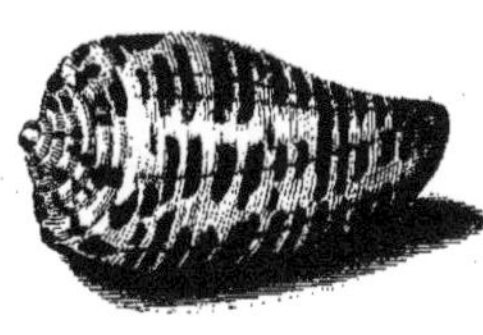

4

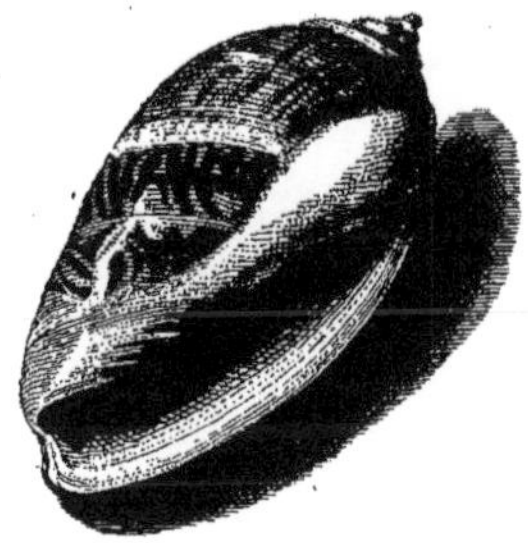

5

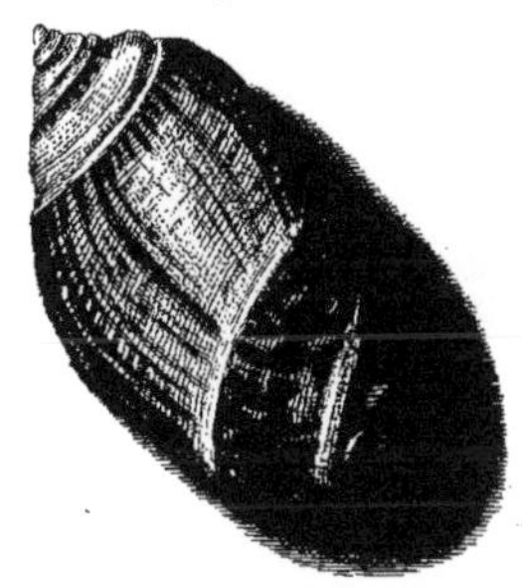

Ex Museo Schadeloockiano.

C. N. Kleemann ad nat. pinxit.

Ex Museo Schadeloockiano.

leur, que par fon Contour fuivi, à la Corne d'un animal, telle par exemple que l'eft celle de la *Gazelle Africaine.* La Coquille de ce *Serpent en corne* eft mince, & cave jufqu'à fa pointe. On ne la trouve jamais plus belle, que lorfqu'à l'extrémité elle eft bien joliment formée par quelques tours en Tire-bouchon, & non endommagée, & qu'elle fe termine en une pointe fine & aiguë.

Figure 2. Si le Lecteur a confidéré attentivement la figure, que nous avons donnée dans cette feconde Partie Pl. II. fig. 3. & fa defcription, il ne fera pas néceffaire de rien ajouter ici. Nous obferverons cependant que l'Efcargot repréfenté fur la dite feconde Planche eft celui que Rumph nomme le *troifieme Cafque à Verruës,* ou *à boffettes,* ou *le petit Verre à eau de vie de l'Isle de Banda.*(a), au lieu que celui-ci eft chez le même Auteur la *Verrucofa fecunda,* c'eft à dire le *fecond Cafque à Verruës,* ou auffi *les Culotes de Suiffe dentelées* (b), parce que fes dens, boffettes, ou élévations, comme on voudra les nommer, font plus longues & plus obtufes.

Figure 3. L'Embouchure des *petits Verres à eau de vie* eft ordinairement unie & luifante, & l'on y remarque de mignonnes bandes brunes fur un fond blanc. Il y a de ces Coquilles, mais elles font plus rares, où le blanc tire fur le bleu, & le noir fur le brun.

Figure 4. On a déja parlé fi amplement des *Efcargots en Lune,* (dont l'Embouchure eft ronde comme la Lune dans fon plein) des *Efcargots nageans,* des *Cruches à huile,* des *Efcargots fangeux,* ou *à limon* & autres pareils, dont nous avons en même tems donné les figures, (voy. Part. I. Pl. III. fig. 1. 2. 3. 4. & 5. Pl. X. fig. 1. 3. 4. 5. 6. & 7. & Pl. XXI. fig. 3.) qu'il feroit fuperflu de nous arrêter long-tems à la préfente figure, & à celle qui la fuit. La Coquille de cet Efcargot eft fort mince, & couverte d'une matière brunâtre, qui tient de la nature de la chaux, fous laquelle, quand on l'ôte, on découvre une envelope de nacre de perle, qu'elle cache. L'embouchure eft pareille, & auffi couleur de nacre. Elle eft faite comme un rond oblique, ou tirée en biais. Mais on n'y voit aucun trou umbilical.

Figure 5. Cet Efcargot eft presque femblable au précédent, excepté que les Contours fupérieurs font un peu plus ventrus, avancent un peu davantage, & font plus ferrez. Les Lignes blanches qu'on voit fur la coquille paroiffent comme fi on en avoit ôté la peau brune en la raclant. Cependant elles font naturelles, car on les trouve ainfi fur les rivages fecs du *Cap de bonne efperance.*

Figure 6. Rumph met le préfent Efcargot, qui porte le nom de *Cafque à verruë,* au nombre des *Pimpelchen,* ou *petits Verres à eau de vie,* que nous avons décrit cy-deffus fig. 2. & 3. Il n'a dans le fond rien de commun avec les *Cafques,* fi ce n'eft une large embouchure, car d'ailleurs, vû fa Structure, c'eft un parfait *Buccinum,* ou *Coquille Sabote.* La Coquille en eft

D 2

mince

mince, & toute couverte de Sillons, qui vont en travers. D'un côté du Dos, auffi bien qu'à l'embouchure, on remarque une côte élevée qui defcend, tout comme à l'*Ourlet* décrit cy - deffus Pl. X. fig. 3. & 4. laquelle côte a été de méme 'l'ancienne embouchure de l'Efcargot. Chaque Contour a une feule rangée d'aiguillons aigus & pointus, qui, comme tout l'Efcargot, eft brunâtre; Ces aiguillons reffemblent aux pointes qu'on re-marque fur le dos des Crapaux, & c'eft là l'unique raifon, pour laquelle on donne auffi à cet Efcargot le nom de *Crapau*.

Figure 7. Nous ne produifons ici l'embouchure de ce *Crapau*, qu'a-fin de faire voir au Lecteur, en quoi le préfent Efcargot diffère des *Coquil-les Sabotes*. Car l'embouchure aux dernières eft plus ronde, au lieu qu'ici, elle eft un peu plus large & oblongue, & qu'elle a une petite fente ou ouverture non feulement en bas à la queuë, mais auffi une autre au pré-mier Contour.

PLANCHE XIV.

Figure 1. A l'égard de la préfente Coquille inférieure de la *Moule de St. Jaques*, tout ce que nous pouvons faire de mieux eft de renvoyer nos Lecteurs à ce qui en a été dit Part. I. Pl. IV. fig. 1. & 2. Planche XIV. fig. 1. & 2. comme auffi à l'occafion de quelques autres figures pareilles.

Figure 2. eft un *Efcargot en Lune*, & une feconde efpéce de ceux, que l'on nomme *fourneaux ardens*. Les contours n'en font pas ronds, car ils ref-femblent à des ventres aplatis. Ils font au refte ridez, & garnis quelques fois d'une, quelquefois de deux rangées d'Aiguillons caves, qui reffem-blent à des clous, ou à des becs de Corbeau. L'Embouchure eft au de-dans couleur d'or & ardente, mais il n'y a point de trou umbilical.

Figure 3. Cette Figure repréfente un Efcargot, qui par fa partie fupé-rieure reffemble à une *petite Tour*, par celle du milieu à une *Coquille Sabote*, & par l'inférieure à un *Efcargot ailé*. On peut la mettre au rang des *petits Efcargots ailez*. Elle eft unie & luifante comme de la Porcelaine. Son fond eft blanc entouré de bandes jaunes, & elle paroit étre comprimée, tant elle eft platte. Le Contour inférieur femble être placé trop bas à propor-tion des autres. Cette efpéce ne dévient guères plus grande. Elle vient des Indes, du rivage de *Luku*, ou *Luhuana*, & porte par cette raifon le nom d'*Efcargot Luhanique*.

Figure 4. & 5. Il y a plufieurs efpéces d'Efcargots pareils à ceux que les deux Figures, dont il s'agit ici, repréfentent. Comme ils font ventrus, on pourroit les placer parmi les *Efcargots, en cone* quoi que leur coquille fe termine en pointe. Leur ftructure baroque leur a fait donner le nom de *petit Païfan.* (a) Quelques uns de cette forte ont des Sillons profonds, & en les touchant par dehors on diroit qu'ils font couverts de laine. D'autres

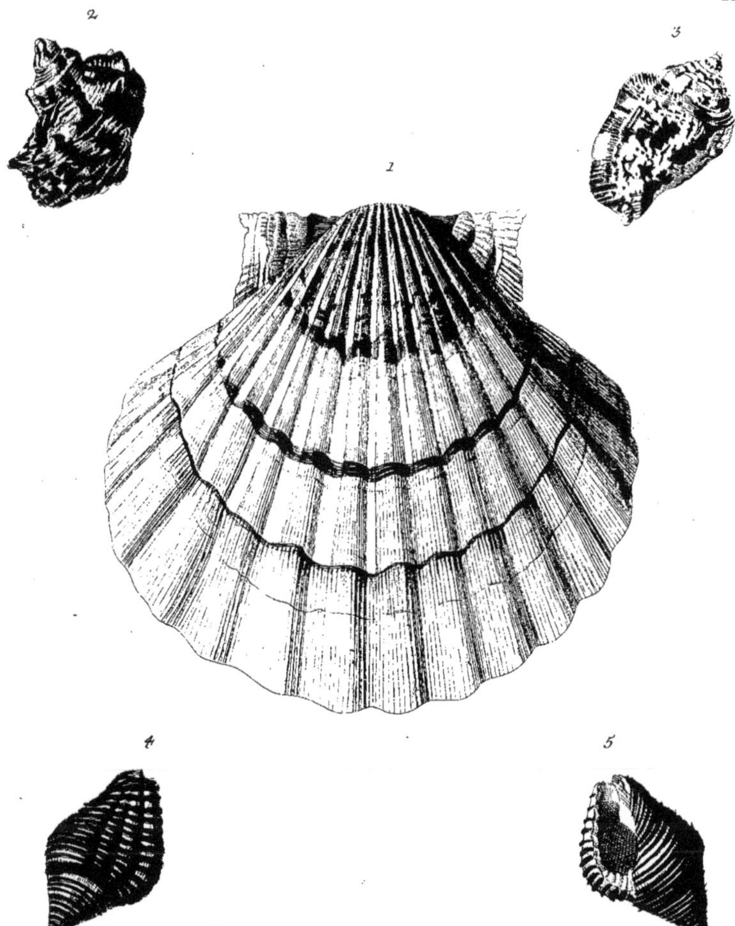

Ex Museo Schadeloockiano.

J. C. Keller ad nat. pinxit.

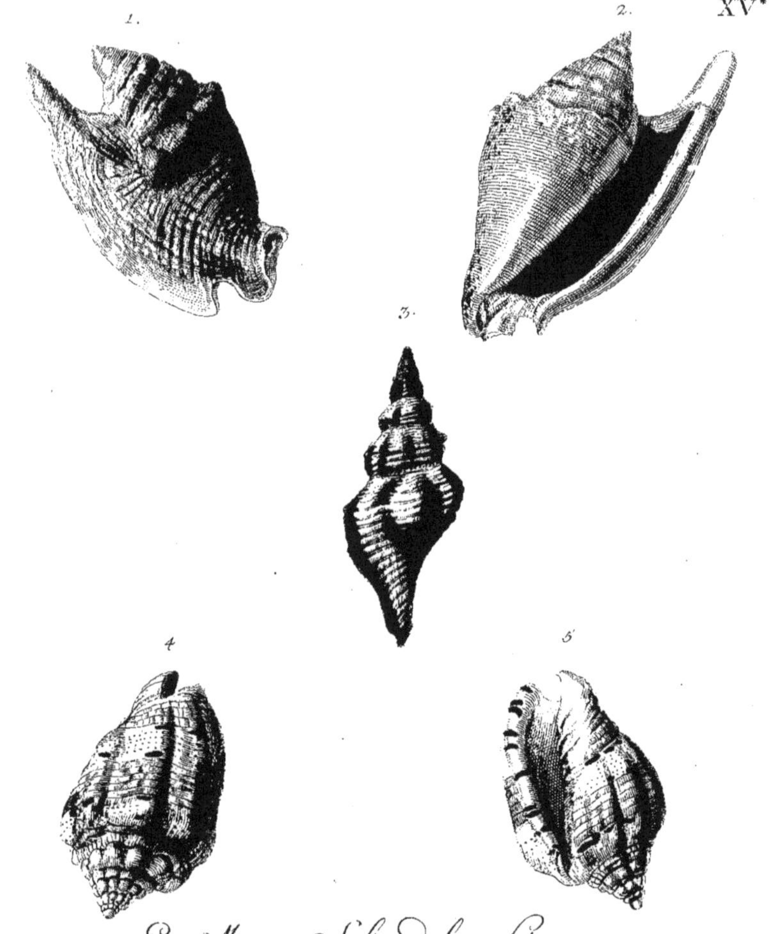

Ex Museo Schadeloockiano.

J. C. Keller ad nat. pinxit.

tres font unis & n'ont que des lignes brunes à la place des Sillons. Ceux de la prémière forte ont l'embouchure blanche en dedans, les autres l'ont rougeâtre. Cet Efcargot ici a un petit Ourlet à l'embouchure; les autres fortes n'ont point de bourrelet, car leur embouchure fe termine tout uniment.

PLANCHE XV.

Figure 1. On apelle *Efcargots ailez* tous ceux, dont l'Embouchure eft étenduë par une large babine. Quand il y a des dents, on les nomme Ecreviffes, & fans dents ce font des *Efcargots à babines* (a). On a déja parlé des deux efpèces, dont chacune a encore des noms particuliers. Voy. Part. I. Pl. IX. fig. 1. Pl. XXVII, fig. 1. Pl. XXVIII. fig. 1. & Part. II. Pl. III. fig. 1. La préfente figure nous montre un bel *Efcargot ailé*, qu'on apelle le *Tireur d'armes*, ou *Index*. Le prémier nom vient de ce que le Couvercle de cet animal eft armé de dents, & tient ferme au petit bras de la Chair, au moyen du quel l'Efcargot dirige & gouverne ce Couvercle en Maitre, & s'en fert pour fe battre avec tout ce qui l'attaque. Pour en avoir le plaifir on n'a qu'à le mettre vivant dans un plat avec quantité d'autres Efcargots, & on le verra fa battre & s'efcrimer, jusques à ce qu'il foit peu-à-peu venu à bout de les faire tous fortir du plat. L'autre nom tire fon origine de cette pointe dure & avancée, qui fort de l'embouchure, & qui reffemble à la figure, que fait l'Index, quand on montre quelque chofe du doigt. Ordinairement cette pointe avance autant que les Contours, & eft toujours un peu courbée en haut. Au refte cette Coquille eft unie & luifante, quoiqu'elle ait quantité de rides. La Couleur en eft jaune ou brune, marquetée de petits points blancs. Le prémier Contour eft garni d'une rangée de groffes boffes, & à méfure que les Contours déviennent plus petits, les boffes s'apetiffent auffi.

(a) en lemand *Lappen-Schnecken.*

Figure 2. L'Embouchure de l'Efcargot précédent, qu'on voit ici, eft fort épaiffe, & eft garnie au dedans d'un bord poli & uni, large, & blanc comme neige. Plus avant dans l'intérieur fa Couleur eft rouge de pourpre, & ardente.

Figure 3. Parmi les *Coquilles Sabotes* il y en a qui ont en bas la queuë auffi longue, que l'élévation des Contours à la partie fupérieure. Elles portent le nom de *Fufeaux*, qu'on divife en longs & courts, comme auffi en étroits & en larges. Celle-ci eft un *Fufeau court & large*, dans laquelle efpèce nous avons auffi rangé la piéce, qu'on a vûë Part. I. Pl. XX. fig. 1. Elle eft de coquille épaiffe, à Sillons profonds. Le fond en eft, quant à la couleur, blanc & couverte de côtes d'un brun jaunâtre, qui font couchées deffus comme une ficelle ronde.

Figure

30

Figure 4. & 5. Nous avons donné cy-deſſus Part. I. Pl. XXIII. fig. 1. & Pl. XXIV. fig. 1. & 2. deux ſortes de Coquilles notées. Ceci en eſt une eſpèce courte, mais plus diſtincte, marquée de ſix lignes qui l'entourent, ſur leſquelles on voit des taches noires ſemblables à des notes de Muſique. Toute la Coquille eſt épaiſſe, & en particulier on voit une groſſe babine à l'embouchure, au bord de laquelle on obſerve des bandes noires, qui paroiſſent à travers. Le côté opoſé de l'embouchure a pluſieurs côtes élevées, qui s'y enfoncent. On range auſſi ces Coquilles dans la Claſſe des *Eſcargots en calandre,* quoiqu'on en trouve, qui ſont *formées en poire.*

PLANCHE XVI.

Figure 1. On apèlle cet Eſcargot la *Porcelaine d' Agate tacheté de blanc.* Comme elle a beaucoup de reſſemblance avec d' autres Coquilles, que nous avons déjà décrites, nous renverrons nos Lecteurs à ce que nous en avons dit Voy. Part. I. Pl. V. fig. 3. & 4. Pl. XIII. fig. 1. & 2. Pl. XXVI. fig. 3. & 4. Pl. XXVII. fig. 2. & 3.

Figure 2. & 3. On a parlé maintes fois des *Coquilles Sabotes,* qu' on apelle en allemand *Kinckhörner,* (voy. Part. I. Pl. XIII. fig. 3. & 4. Pl. XVI fig. 5. Pl. XXX. fig. 7.) & dans d'autres paſſages, où il a été queſtion de figures anomales de la même eſpece. Peut-être quelque Lecteur ſeroit-il curieux de ſçavoir l'Etimologie de cette dénomination allemande. Selon nous donc ce mot de *Kinkhorn* eſt une prononciation corrompuë de celui de *Klinckhorn,* ou *Kling-horn,* c'eſt-a-dire *Eſcargot ſonnant,* où *tintant,* nom qu' on donne à cette eſpèce de Coquilles, parce que quand on les tient à l'oreille elles rendent par le mouvement de l' air, cauſé ſoit par le vent ſoit par des perſonnes, un ſon, un tintouin, ou un bourdonnement. Or nous préſumons que dans ces anciens tems, où l'on donnoit de ces coquilles aux Enfans pour jouet, ils ſe diſoient l'un à l' autre, écoute donc comme cela ſonne, *höre wie es* KINGT, en omettant la Lettre *l,* que les Enfans prononcent difficilement, en quoi même les Pères & Meres ont aſſez coutume de les imiter, quand ils badinent avec eux. On laiſſoit dans ces badinages aux Enfans la liberté de choiſir entre pluſieurs Coquilles celles qui tintoient, ou reſonnoient le mieux, en allemand (on imite ici leur langage bégayant) *die am beſten* KINKEN, & ce n' eſt que de là que peut être venu le nom de *Kinkhorn.* (Et ce pourroit bien être auſſi là la raiſon du nom françois: *Coquille Sabote,* parceque le Sabot eſt un jouët d' Enfans, qui quand ils en badinent, rend auſſi un *Son,* une eſpèce de *tintouin,* ou de bourdonnement.) Ce nom a été adopté par des Amateurs, ou Collecteurs non lettrés, & je ne vois aujourd'hui aucun inconvenient à le conſerver. Quoiqu' il en ſoit, la figure préſente eſt une *Coquille Sabote.* Or on apèlle celles de cette eſpèce *Buccina,* ou *Eſcargots en Trompette,* parceque les Indiens après y

avoir

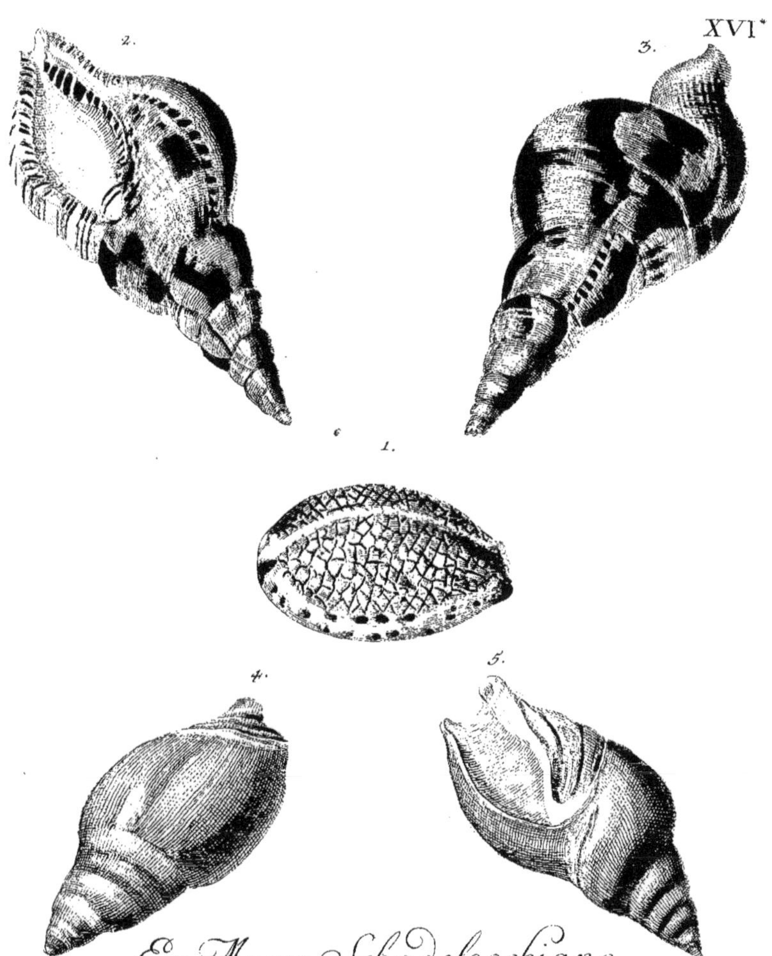

Ex Museo Schadeloockiano.

C. N. Kleemann ad nat. pinxit.

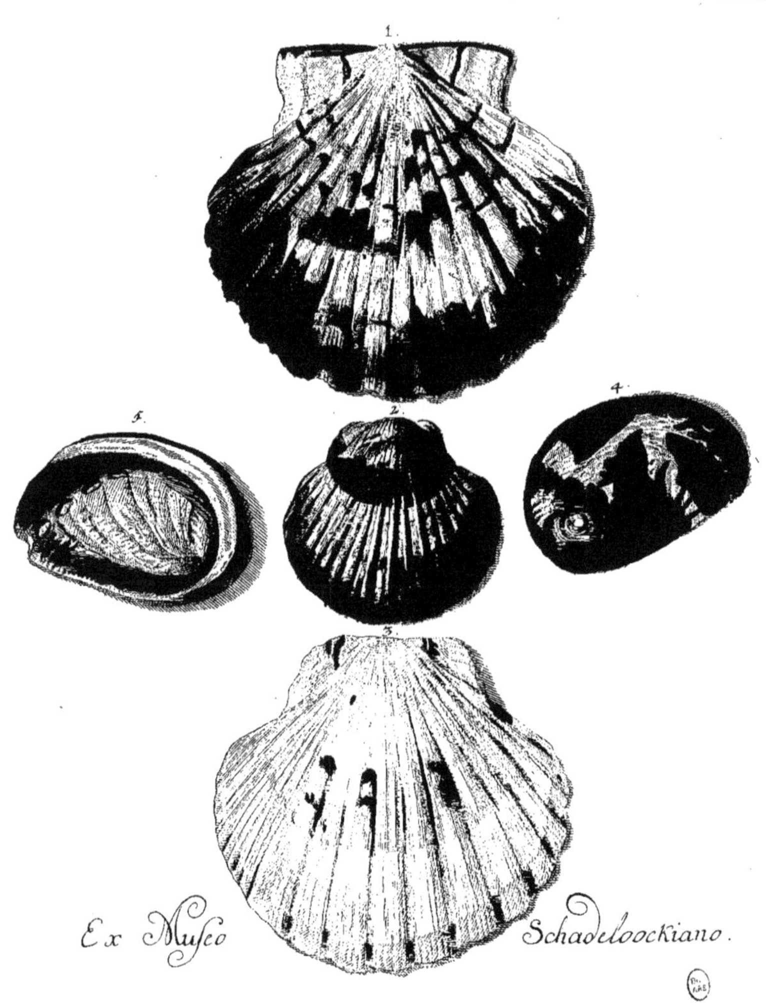

Ex Museo Schadeloockiano.

avoir fait une ouverture à la pointe, s'en servent comme d'une Trompette, & font avec cet instrument un bruit effroiable en tems de guerre.
Mais comme il y a plusieurs espèces de ces *Escargots-Trompettes*, on distin-
gue encore par un nom particulier les Coquilles de cette forte, qui font
unies & marquées de flammes de diverses couleurs, savoir par celui de
Cornes de Triton, parce que les Tritons font peints des mêmes couleurs. Il
y a de *grandes* & de *petites Cornes de Triton*. Celles-ci font de la derniere
espéce.

La Coquille en est belle & brillante, ondée comme du papier marbré.
Ses Contours font ventrus également de tous les côtez & la proportion
gardée. Son Embouchure est dentée de brun, & garnie de côtes blanches.
Le prémier Contour feul est toujours auffi grand que tous les autres ensemble, & par tout où la Coquille s'est reprise, & a crû, on remarque
les vestiges de l'ancienne embouchure, qui consistent en une élevation
entaillée & dentelée, qui regne tout du long.

Figure 4. & *5.* est une *Coquille-Sabote d'Agate* de très-grande beauté.
La Coquille en est épaisse, de couleur jaune d'Orange, & luisante comme
un miroir. Elle n'a ni bosses, ni lignes, & quand on la touche on diroit
que c'est une piéce de porcelaine. Il y en a qui font blanches comme
neige, d'autres font bleuâtres, ou rougeâtres. Ce en quoi cet Escargot
a quelque chose de particulier, qu'on ne trouve pas aux autres *Coquilles
Sabotes*, c'est qu'il a derriere le pli de l'embouchure une espéce de trou
umbilical large, qui s'y enfonce obliquement.

PLANCHE XVII.

Figure 1. Ceci est un de ces *Manteaux bigarrez*, dont on a tant de
differentes espèces, & entre lesquels on trouve tant de variations, comme
nous l'avons démontré dans la présente Partie II. Pl. III. Fig. 2. & 3. Pl. IV.
Fig. 2. & 3. Pl. V. Fig. 4. Pl. X. Fig. 2. & Pl. XIV. Fig. 1., sans manquer à
alleguer aux lieux citez, toutes les Moules de même espéce, qui ont été
dépeintes & décrites dans la prémière Partie. Si quelqu'un se donnoit la
peine de comparer toutes ces diverses figures les unes aux autres, il
ne pourroit s'empêcher d'admirer les variations infinies & magnifiques,
que la Nature met dans ses productions. Car dans une même Classe de
Coquilles on trouve tant de diversité eu égard au dessein & aux couleurs,
qu'il n'est pas possible d'y déterminer tout avec exactitude, ce que nous
pourrions encore moins faire, si nous avions le bonheur de voir ensemble
les principales espéces de chaque Classe, telles qu'on les tire de tous les
Océans, & de tous les Golfes de la Mer. Car il est indisputable, que dans
toutes les Mers du Monde chaque Climat, chaque Ile, chaque Côte, chaque rivage, chaque Golfe produit non feulement des espéces particulieres
d'Escar-

d'Escargots & de Moules en général, mais aussi que ces espéces d'une méme Classe sont differenciées entre elles par les desseins & par les Couleurs, selon la qualité diverse du *fond de la Mer, du Sable, du Limon, de la Mousse, &c.* ou aussi selon le *dégré du Sel de la Mer.* C'est dequoi l'on peut se convaincre parfaitement, en comparant par exemple une Classe de Moules venuës des *Iles Antilles,* avec la méme Classe dont les Moules auront été tirées de l'Ile de *Sumatra,* de la *Côte du Perou,* ou du *grand Golfe du Mexique.* Car quoique toutes ces Moules soient differenciées entre elles par le dessein particulier de chacune, elles portent encore des Caractéres distinctifs généraux, quant au fond de leur Couleur, par lesquels on peut reconnoitre celles qui viennent des *Indes orientales* ou *occidentales,* & celles qu'on a prises aux *Iles Antilles* ou au Golfe du *Mexique.* Il faut considérer, que la Coquille est produite par la bave de l'animal, & dés-lors il est naturel, que les differens Climats de la Mer, (pour m'exprimer ainsi), la nourriture qui n'est pas par tout la méme, le plus ou le moins de sel dans un endroit que dans l'autre, contribuent beaucoup à diversifier le suc des alimens, que l'animal tire à soi, & de là vient la varieté des couleurs. Au bout nous devons convenir qu'il ne nous est guères possible de dévoiler en petit la grandeur des secréts de la Nature, & un Examen plus détaillé des causes prochaines, aux quelles on doit attribuer la varieté des belles couleurs, qu'on remarque sur les Coquilles, seroit pour nous une entreprise tout aussi difficile, que si nous voulions éclaircir & décider la question : pourquoi la peau & les poils des animaux d'une méme espéce ou les plumes bigarrées des Oiseaux d'une méme espéce différent si fort, & d'où proviennent par exemple la couleur rouge, la bleue, les taches, les flammes, les rayes, les lignes, les points, ou l'uniformité de la couleur?

Les Couleurs proviennent, dit-on, de la refraction de la lumiére. Cette refraction est dirigée par la qualité de la superficie, où elle agit. La superficie se forme de l'écoulement des sucs les plus fins selon sa Configuration ou structure. Cette structure, & la nature des parcelles fines & imperceptibles, dont elle est composée, tire son origine ou de l'Architecture impénétrable & arrangement des Vaisseaux, qui conduisent les sucs à la superficie, ou de la nature des sucs méme. La nature des sucs est conforme à celle des principes dont ils sont composez, & de la maniere dont ils se resolvent, ce qui se fait par la digestion & distillation dans les parties intérieures, en quoi toute la structure de l'animal, les alimens qu'il prend, & l'Element dans lequel il vit, ont le plus d'influence. Comment pourrions-nous pénétrer par toutes nos recherches jusques aux veritables voies & causes de toutes ces merveilles, tandis que la Nature travaille & produit ici les plus grandes choses si fort *en petit,* & pour ainsi dire tellement *en mignature,* que nos yeux armés méme de tous les secours possibles n'y peuvent rien voir au delà, & que notre esprit s'y perd?

Nous

33

Nons devons donc nous contenter de la connoiſſance, quoique bornée, que nos experiences peuvent nous procurer. Si elles ne nous donnent pas de grandes lumières, elles nous éclairent toûjours en partie. Nous ſçavons ainſi, que les Climats chauds nous fourniſſent des piéces plus belles, plus achevées, plus diverſifiées en couleurs, que les rudes contrées du *Nord*, & plus nous aprochons des regions froides de la terre, moins nous trouvons de beautez dans les ouvrages de la nature. Perſonne n'ignore, par exemple, que les *Indes*, où le ſoleil ſe fait ſentir avec tant de force, ſont plus riches en Oiſeaux décorez des plus belles couleurs, en Vegetaux magnifiques, en Marbres, que notre *Europe*, & ſpécialement la Partie d'Europe, qui aproche le plus du *Septentrion*. On voit par là, que le Soleil en meuriſſant mieux tous les ſucs des differentes Créatures, ſur lesquelles il opère dans les Païs chauds, produit des beautez, dont les regions Septentrionales démeurent privées.

Voilà juſtement ce que nous avons obſervé aux differentes productions de la nature, que l'on trouve dans les Mers. Nous convenons cependant, qu'il n'y a point de regle ſans exception. En attendant il eſt inconteſtable que les Eſcargots & les Moules, qui ſe diſtinguent le plus par leurs differentes beautez & par la varieté de leurs couleurs, ont proprement leur patrie dans les Mers des Climats chauds; au lieu que celles des Climats froids nous en fourniſſent une plus grande quantité de couleur égale ou unie, & peu de couleurs variées, mais rarement ou point du tout de ces piéces, où les couleurs les plus voyantes, telles que le rouge de Cinnabre, l'Orange, le violet, le pourpre, ſont en même tems couvertes du brillant le plus pompeux, tel qu'on le voit ſur l'or & ſur l'argent, quand il eſt poli, ou auſſi ſur les perles. Nous ne diſons tout cela qu'en paſſant, vû que le *Couvercle plat* d'une Moule, ou *Coquille de St. Jaques* dépeint dans la préſente figure, nous vient des *Iles Antilles*, & du Golfe du *Mexique*, Contrées, qui abondent particulierement en coquilles d'Eſcargots, & autres, de couleurs bigarrées. Quant à leur ſtructure & proprietez, nous en avons parlé ſuffiſamment ſoit dans la prémière Partie, ſoit aux lieux citez de la ſeconde. Ces Couvercles tiennent près des oreilles à la Coquille inférieure par un nerf, au moyen duquel l'animal ſerre tellement l'une contre l'autre, qu'il n'en peut pas ſortir une goutte.

Figure 2. eſt un petit *Manteau bigarré* de la même eſpéce, qui s'apelle en Latin: *Pecten tenuis*. A celui-ci les oreilles ſont de figure obtuſe, & les coquilles ventruës également. Sa Couleur rouge paroit ſur toute la Coquille, qui en dedans a le luſtre du Velours.

Figure 3. On produit ici une Coquille inférieure d'une *Moule de St. Jaques*, fort ventruë, à côtes larges unies, traverſées par des bandes larges blanchâtres & jaunâtres, ce qui provient de ce que la coquille ſe continuë & prend une plus grande circonference, à méfure que l'Animal croit. L'ordre alternatif de ces couleurs eſt exprimé auſſi diſtinctement, & avec autant de juſteſſe, que ſi on s'étoit ſervi d'un compas pour en marquer les limites.

Figure 4. Nous avons déjà donné cy-deſſus, Part. I. Pl. XVII. Fig. 2. & 3. une ample deſcription de l'*Oreille de Mer.* Tout ce qui nous reſte à dire ſur la Coquille dépeinte dans la préſente figure, c'eſt qu'elle eſt de la petite eſpece des *Oreilles de mer,* qui ne déviennent jamais plus grandes, mais qui d'ailleurs ont là même ſtructure que l'autre. Une autre différence à obſerver, c'eſt que celle que nous avons décrite dans la dite Part. I. Pl. XVII. fig. 2. paroit telle qu'elle eſt, quand on lui a ôté ſa Croute, & donné le poliment, au lieu que celle-ci eſt dépeinte avec ſa peau brute extérieure, comme elle ſe trouve, quand on la ſort immédiatement de la Mer. Cette peau eſt auſſi décorée d'ornemens & de deſſeins, qui lui ſont propres, & ſe trouve auſſi à quelques unes de ces Oreilles de mer d'un rouge de cinnabre, comme nous l'avons vû Part. I. Pl. XX. fig. 5.

Figure 5. Ceci eſt le côté retourné & intérieur de la même Coquille, où l'on voit un rouge ardent briller conjointement avec le verd, à travers un éclat ſemblable à celui de nacre.

PLANCHE XVIII.

Figure 1. On trouve dans la Claſſe des Eſcargots à aiguillons entre autres une eſpece, où l'on obſerve une embouchure longue, qui aboutit en pointe, comme par exemple à la *tête de bécaſſe à dens doubles,* Part. I Pl. XI. Fig. 3. & 4. & au *Puiſoir,* Part. I. Pl. XII. fig. 2. & 3. On remarque à la même eſpece quantité de variations, tant par raport à l'embouchure, qu'à l'égard des aiguillons & des couleurs. Quelques unes de ces coquilles ont plus du reſſemblance avec les Sabotes, d'autres avec les eſcargots formez en poire. A quelques unes il n'y a point d'aiguillons du tout, d'autres encore ont des crocs très-longs & pointus.

Sur ces principes l'Eſcargot repréſentée ici eſt une *tête de becaſſe dentelée,* mais dont les dens ſont courtes, caves, & courbées comme un bec de corbeau. Tout autour de la Coquille on voit quelques entailles, ou Sillons. La Couleur en eſt argentine claire, & tire un peu vers le centre au Sommet, & à la partie inférieure du bec.

Figure 2. ne repréſente que *l'embouchure* de l'eſcargot précédent, & n'a autrement rien de remarquable, ſi ce n'eſt qu'on y remarque ſouvent une babine courbée vers l'intérieur. La couleur eſt plus claire au dedans, & tire un peu ſur le brun au deſſous du bec.

Figure

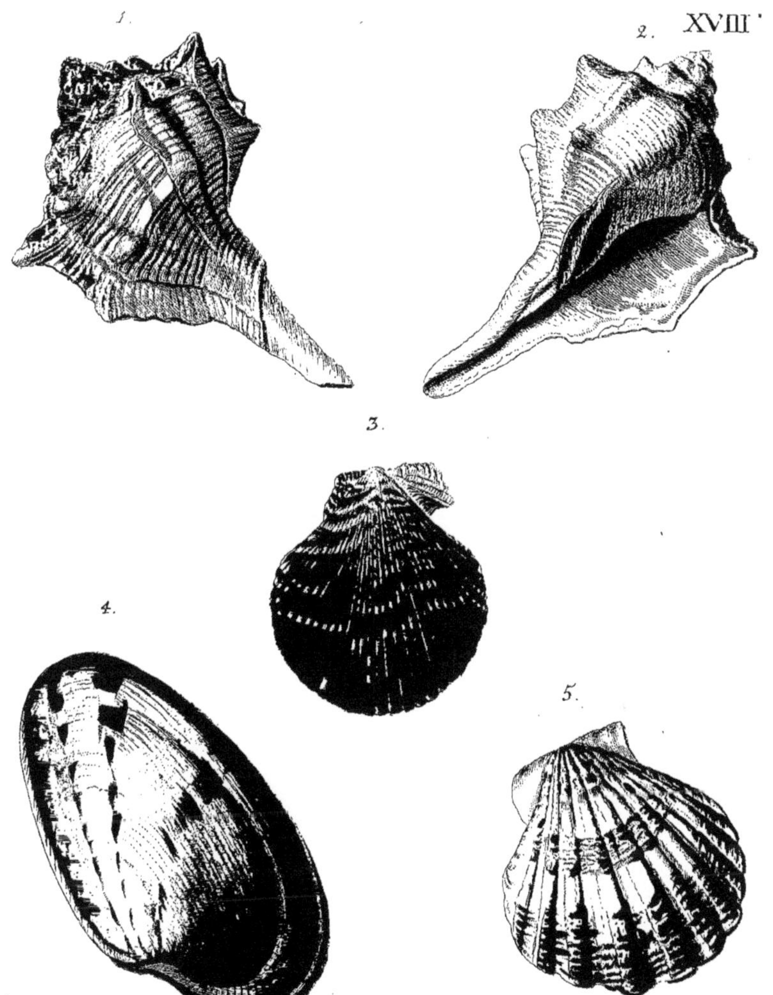

1.
2. XVIII.
3.
4.
5.
Ex Museo Schadeloockiano.
C. N. Kleemann ad nat. pinxit.

Figure 3. Le Lecteur se remettra qu'à l'occasion de la Pl. III. de la présente seconde Partie fig. 2. & 3. & à la Planche précédente XVII. fig. 1. 2. & 3. nous avons eû occasion de parler de diverses *Moules à peigne* & *Manteaux bigarrez*, en renvoyant le Lecteur à ce que nous en avions dit précédemment, de sorte que nous n'avons rien de plus à ajouter ici, si ce n'est qu'on trouve cette *Coquille en peigne*, à une oreille & à ventre plat, dans la Mer *Adriatique*. Elle est mince, d'un brun violet, à Sillons pressez & à côtes, & il faut noter que ces côtes sont marquées de fines entailles, que l'on aperçoit moins par les yeux, que par l'attouchement. Quelques fois on remarque sur la même espece en travers des flammes & des ondes de figure élegante.

Figure 4. A la reserve de ce qui a été dit Part. I. Pl. XXI. fig. 4. & 5. & Pl. XXII. fig. 1. & 2. & à la Part. II. Pl. II. fig. 1. nous n'avons pas eû occasion de parler d'une *Moule béante* ou *Came*, & comme en voici une, nous entrerons dans quelque détail par raport à toute l'espece. On apelle ces Moules *Cames*, en latin *Chamæ*, ou *Moules béantes*, en allemand *Gien-Muscheln*, parce qu'à l'ordinaire elles sont ouvertes, & se présentent comme une bouche béante. On les divise en deux especes principales, sçavoir les *brutes* ou *rudes*, & les *unies*. Les brutes ont en travers ou des cercles, ou des écailles, ou des aiguillons; voyez Part. I. Pl. XXII. fig. 1. & 2. Pour les unies, elles sont ou absolument nnies à tous égards, ou très-finement rayées. Voyez Part. II. Pl. II. fig. 1. Toutes sont également ventruës, mais les côtez ne sont pas égaux, & à la plûpart la Coquille est assez épaisse. Celle, que nous voyons dépeinte ici, est de l'espece des unies, de couleur de chair tirant sur le brun, entremeleé de rayons d'un brun-foncé, & traversée de Cercles d'une couleur un peu plus claire, qui sont le tour. La fermeture est placée obliquement à l'un des cotez & l'on voit aux deux coquilles deux petites dens, qui entrent dans deux fossettes placées vis-à-vis. A l'un des côtez les deux coquilles tiennent l'une à l'autre par une pellicule. Quand l'animal retire cette pellicule, les Coquilles s'ouvrent. Au reste ces coquilles sont assez épaisses, & se joignent si parfaitement, que le moindre air n'y sçauroit passer. Au dedans elles sont blanches, & susceptibles au dehors d'un poliment incomparable.

Figure 5. est encore comme fig. 3. une *Pectinité*, qu'on trouve dans le Golfe *Adriatique*. Les Coquilles sont également ventrues, & pourvuës de côtes larges, qui ne sont pas trop élevées. Il y a en haut deux oreilles. La Couleur de l'une des coquilles est blanche tirant sur le bleu, sur laquelle on voit des taches brunes & des anneaux. L'autre Coquille est par tout plus blanche, & moins marquée.

E 2

PLAN-

PLANCHE XIX.

Figure 1. Nous avons vû fur la Planche IX. de la prémière Partie, fig. 3. une *Harpe de David*, & une autre efpece de la même coquille dans cette feconde Partie Pl. VIII. fig. 2. Celle que nous voyons dépeinte ici eft de la grande efpece, couleur de chair, & couverte de taches d'un brun-clair. On l'apelle le *Chrifant gris*, qui fe diftingue du *petit Chrifant*, & de la *Harpe noble*, en ce qu'il n'a point de lignes noires en travers fur fes côtes, & qu'en general les deffeins, dont il eft marqué, font plus informes & moins rangez. C'eft ainfi que parmi les Coquilles notées on fait auffi une difference entre la Mufique fine, & la Mufique fauvage.

Figure 2. n'eft que l'*embouchure* de la Coquille précédente. Elle eft d'un brun-foncé au côté, où les Contours rentrent, mais le dedans de la Coquille eft blanchâtre, tacheté de jaune.

Figure 3. Entre les *Manteaux bigarrez*, dont nous avons déjà décrit plufieurs efpeces, il y en a une très-belle, qui nous vient des *Indes occidentales*. La *Coquille inferieure* en eft *ventruë*, mais fon Couvercle eft plat, & même affez fouvent un peu enfoncé, comme aux *Coquilles St. Jaques*, d'ailleurs decoré des plus beaux deffeins. On donne auffi à ces Coquilles le nom de *Tabatière de Neptune*. Ce que nous voyons ici n'eft qu'un *Couvercle plat*, mais nous produirons au Lecteur fur la Planche fuivante XX. fig. 1. une très-belle Coquille inférieure. Quant à la Conftruction, ce Couvercle eft, tout comme la Coquille inférieure, extrèmement mince & fragile, & au lieu d'être tout plat, il eft enfoncé vers le milieu, comme le feroit le Couvercle mince d'une Tabatière d'argent, fur lequel on auroit appuyé le pouce de force, & de cette façon les bords en font élevez. Ce Couvercle au dedans des côtes élevées, minces, un peu écartées l'une de l'autre, qu'on y voit couchées, comme autant de fils d'argent trait, tels que ceux qu'on trouve au couvercle de la Coquille à bouffole, (*) cependant du côté de la fermeture ces côtes font moins vifibles, & ne paroiffent bien exprimées, que vers les bords. La Conleur de la Coquille eft au dedans fale & d'un blanc jaunâtre, mais d'un brun-foncé aux oreilles & tout le tour des bords. Ce Couvercle n'eft attaché à la Coquille inférieure au milieu des deux oreilles, que par un feul point, au moyen d'un nerf rond. Son coté fupérieur eft garni de Sillons fort fins, qui vont de la fermeture aux bords, & ce font ces mêmes Sillons, qui paroiffent au coté intérieur fous la figure de côtes fubtiles. Les parties élevées entre les Sillons, font marquées par des lignes noires courbes, garnies d'anneaux en travers, & peintes ça & là de belles flammes, & taches blanchâtres & jaunâtres, fur un fond brun-foncé, qui tire fur le rouge. L'on voit fortir du milieu de la fermeture entre les deux oreilles un efpace rouge à cette Coquille-ci, mais blanche ou jaunâtre à d'autres

tres

(*) en allemand *Compas-Mufchel.*

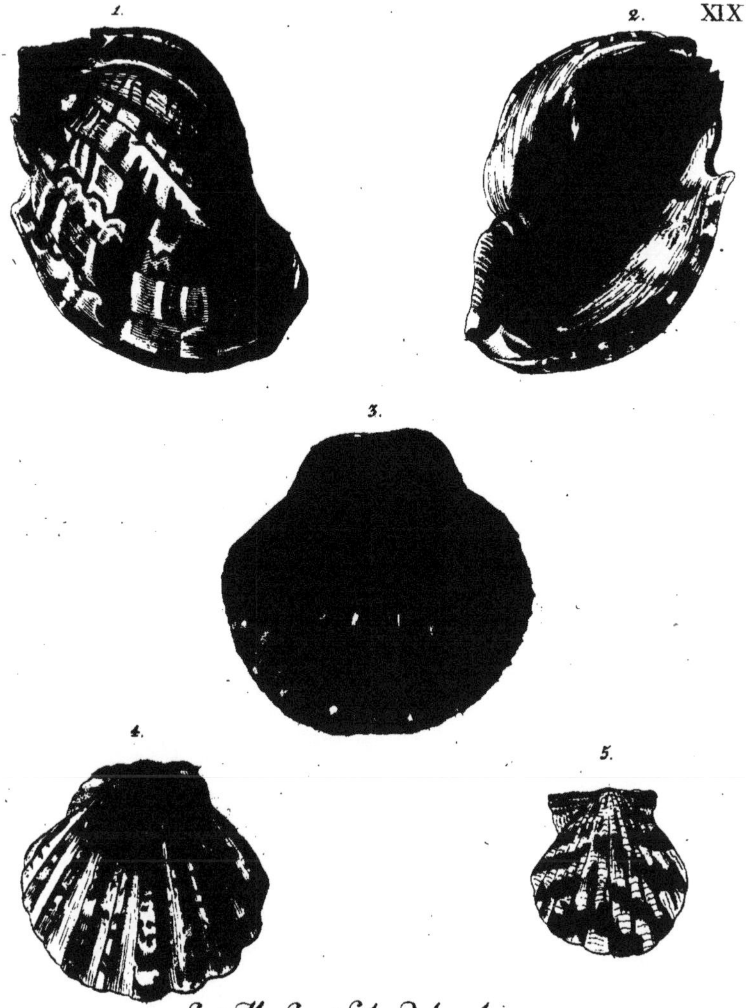

Ex Museo Schadeloockiano.

C.N. Kleemann ad nat pinxit.

Figure 3. Le Lecteur fe remettra qu'à l occafion de la Pl. III. de la préfente feconde Partie fig. 2. & 3. & à la Planche précédente XVII. fig. 1. 2. & 3. nous avons eû occafion de parler de diverfes *Moules à peigne & Manteaux bigarrez,* en renvoyant le Lecteur à ce que nous en avions dit précédemment, de forte que nous n'avons rien de plus à ajouter ici, fi ce n'eft qu'on trouve cette *Coquille en peigne,* à une oreille & à ventre plat, dans la Mer *Adriatique.* Elle eft mince, d'un brun violet, à Sillons preffez & à côtes, & il faut noter que ces côtes font marquées de fines entailles, que l'on aperçoit moins par les yeux, que par l'attouchement. Quelques fois on remarque fur la même efpece en travers des flammes & des ondes de figure élegante.

Figure 4. A la referve de ce qui a été dit Part. I. Pl. XXI. fig. 4. & 5. & Pl. XXII. fig. 1. & 2. & à la Part. II. Pl. II. fig. 1. nous n'avons pas eû occafion de parler d'une *Moule béante* ou *Came,* & comme en voici une, nous entrerons dans quelque détail par raport à toute l'efpece. On apelle ces Moules *Cames,* en latin *Chamæ,* ou *Moules béantes,* en allemand *Gien-Mufcheln,* parce qu'à l'ordinaire elles font ouvertes, & fe préfentent comme une bouche béante. On les divife en deux efpeces principales, fçavoir les *brutes* ou *rudes,* & les *unies.* Les brutes ont en travers ou des cercles, ou des écailles, ou des aiguillons; voyez Part. I. Pl. XXII. fig. 1. & 2. Pour les unies, elles font ou abfolument nnies à tous égards, ou très-finement rayées. Voyez Part. II. Pl. II. fig. 1. Toutes font également ventruës, mais les côtez ne font pas égaux, & à la plûpart la Coquille eft affez épaiffe. Celle, que nous voyons dépeinte ici, eft de l'efpece des unies, de couleur de chair tirant fur le brun, entreméleé de rayons d'un brun-foncé, & traverfée de Cercles d'une couleur un peu plus claire, qui font le tour. La fermeture eft placée obliquement à l'un des cotez & l'on voit aux deux coquilles deux petites dens, qui entrent dans deux foffettes placées vis-à-vis. A l'un des côtez les deux coquilles tiennent l'une à l'autre par une pellicule. Quand l'animal retire cette pellicule, les Coquilles s'ouvrent. Au refte ces coquilles font affez épaiffes, & fe joignent fi parfaitement, que le moindre air n'y fçauroit paffer. Au dedans elles font blanches, & fufceptibles au dehors d'un poliment incomparable.

Figure 5. eft encore comme fig. 3. une *Pectinité,* qu'on trouve dans le Golfe *Adriatique.* Les Coquilles font également ventrues, & pourvûës de côtes larges, qui ne font pas trop élevées. Il y a en haut deux oreilles. La Couleur de l'une des coquilles eft blanche tirant fur le bleu, fur laquelle on voit des taches brunes & des anneaux. L'autre Coquille eft par tout plus blanche, & moins marquée.

E 2

PLAN-

PLANCHE XIX.

Figure *1*. Nous avons vû fur la Planche **IX**. de la prémière Partie, fig. 3. *une Harpe de David*, & une autre efpece de la même coquille dans cette feconde Partie Pl. VIII. fig. 2. Celle que nous voyons dépeinte ici eft de la grande efpece, couleur de chair, & couverte de taches d'un brun-clair. On l'apelle le *Chrifant gris*, qui fe diftingue du *petit Chrifant*, & de la *Harpe noble*, en ce qu'il n'a point de lignes noires en travers fur fes côtes, & qu'en general les deffeins, dont il eft marqué, font plus informes & moins rangez. C'eft ainfi que parmi les Coquilles notées on fait auffi une difference entre la Mufique fine, & la Mufique fauvage.

Figure 2. n'eft que l'*embouchure* de la Coquille précédente. Elle eft d'un brun-foncé au côté, où les Contours rentrent, mais le dedans de la Coquille eft blanchâtre, tacheté de jaune.

Figure 3. Entre les *Manteaux bigarrez*, dont nous avons déjà décrit plufieurs efpeces, il y en a une très-belle, qui nous vient des *Indes occidentales*. La *Coquille inferieure* en eft *ventruë*, mais fon Couvercle eft plat, & même affez fouvent un peu enfoncé, comme aux *Coquilles St. Jaques*, d'ailleurs decoré des plus beaux deffeins. On donne auffi à ces Coquilles le nom de *Tabatière de Neptune*. Ce que nous voyons ici n'eft qu'un *Couvercle plat*, mais nous produirons au Lecteur fur la Planche fuivante XX. fig. 1. une très-belle Coquille inférieure. Quant à la Conftruction, ce Couvercle eft, tout comme la Coquille inférieure, extrèmement mince & fragile, & au lieu d'être tout plat, il eft enfoncé vers le milieu, comme le feroit le Couvercle mince d'une Tabatière d'argent, fur lequel on auroit appuyé le pouce de force, & de cette façon les bords en font élevez. Ce Couvercle au dedans des côtes élevées, minces, un peu écartées l'une de l'autre, qu'on y voit couchées, comme autant de fils d'argent trait, tels que ceux qu'on trouve au couvercle de la Coquille à bouffole, (*) cependant du côté de la fermeture ces côtes font moins vifibles, & ne paroiffent bien exprimées, que vers les bords. La Couleur de la Coquille eft au dedans fale & d'un blanc jaunâtre, mais d'un brun-foncé aux oreilles & tout le tour des bords. Ce Couvercle n'eft attaché à la Coquille inférieure au milieu des deux oreilles, que par un feul point, au moyen d'un nerf rond. Son coté fupérieur eft garni de Sillons fort fins, qui vont de la fermeture aux bords, & ce font ces mêmes Sillons, qui paroiffent au coté intérieur fous la figure de côtes fubtiles. Les parties élevées entre les Sillons, font marquées par des lignes noires courbes, garnies d'anneaux en travers, & peintes ça & là de belles flammes, & taches blanchâtres & jaunâtres, fur un fond brun-foncé, qui tire fur le rouge. L'on voit fortir du milieu de la fermeture entre les deux oreilles un efpace rouge à cette Coquille-ci, mais blanche ou jaunâtre à d'autres

(*) en allemand *Compas-Mufchel.*

tres

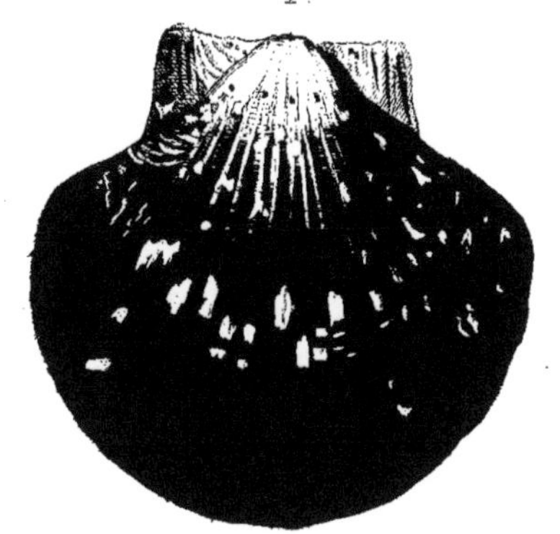

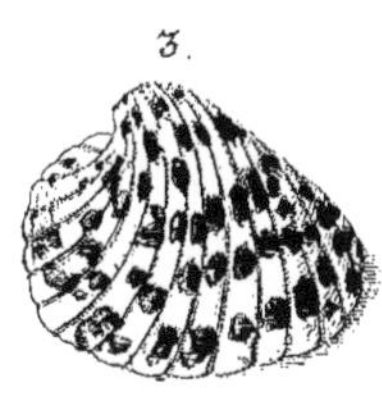

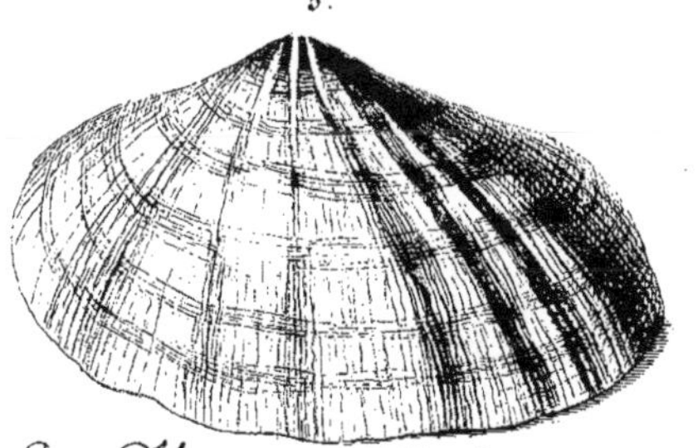

XX

Ex Museo Mulleriano.

Christian Leinberger adnat. pinxit

XIX.*

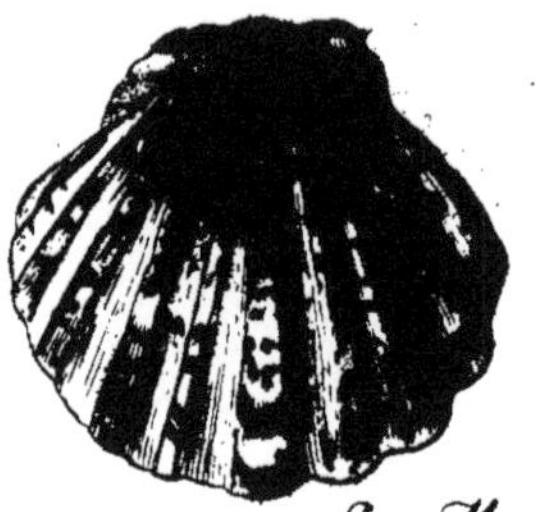

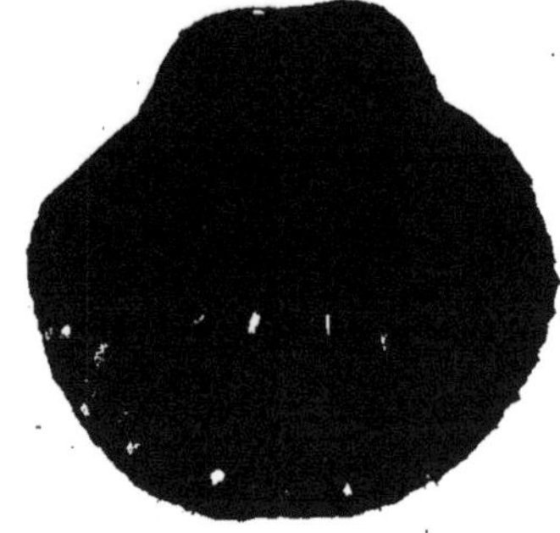

Ex Museo Schadeloockiano.

C. N. Kleemann ad nat pinxit.

tres , toujours cependant d'une même couleur , qui se termine par une ligne en zig-zac, comme si on avoit eû dessein de peindre là une fortification. Cependant il ne faut regarder cela, que comme une variation ; car, tous les Couvercles de cette espece ne font pas marquez de même ; ils different au contraire tellement entre eux, quant au dessein, qu'on n'en trouve jamais deux d'absolument pareils. On rencontre quelque fois, mais rarement , de ces coquilles entièrement blanches , ou aussi un peu verdâtres, sur lesquelles on ne remarque aucun dessein du tout.

Figure 4, Voici un *Manteau bigarré*, à larges rayons, ventru également, uni sur les côtes, blanc par dehors, à flammes rouges, moucheté de couleur d'orange, & blanchâtre au dedans. Les oreilles font ici, comme à bien d'autres coquilles, un peu rondes, comme si elles étoient usées.

Figure 5. Ceci est encore un *Manteau bigarré*, qui a à la verité aussi des rayons larges, mais sur les côtes duquel on observe par tout de fines entaillures, ce qui rend cette coquille un peu rude à l'attouchement. Ce qu'on y remarque, quant au dessein, ce font des flammes ou ondes d'un beau rouge, ou jaune d'Orange posées en travers sur un fond blanc & jaunâtre. Les Oreilles font en angle, rougeâtres de couleur & mouchetées de blanc.

PLANCHE XX.

Figure 1. Cette Figure représente le côté extérieur de la Coquille inférieure de la même espece de Moules, qu'on nomme *Tabatières de Neptune*, dont nous avons examiné le *Couvercle*, à la figure 3. de la Planche précédente. Celle-ci est fort ventruë, unie & brillante, & a non seulement des Sillons très-peu profonds, écartez l'un de l'autre & un peu plus larges que ceux qu'on remarque sur le Couvercle, mais on y observe encore des anneaux très-fins, là où la Coquille a continué successivement son crû. La Couleur en est d'un brun rougeâtre, quelquefois brun de Caffé, marquée ça & là de très-belles taches blanches; ou quelquefois de vertes, ou de jaunâtres, qui le plus ordinairement font quarrées. Au dedans cette Coquille, d'ailleurs extrémement mince, est d'un blanc jaunâtre, terminée au bord par un large anneau, qui est absolument blanc comme neige. Les Sillons larges, qui paroissent au dehors, font tellement élevez au dedans, qu'ils y forment deux côtes fines, l'une à côté de l'autre, & aussi subtiles qu'un fil d'argent trait. Au milieu de la fermeture entre les deux oreilles, il y a un crochet dur, où le nerf, qui affermit le Couvercle, placé vis-à-vis, se trouve attaché. Ces Coquilles peuvent être garnies soit en or, soit en argent, & servir de tabatière, mais si l'Ouvrier, qui les met en œuvre, n'est pas habile

E 3

Ar-

38

Artifte, il court rifque de les brifer au milieu de fon travail, au lieu que quand la garniture y eft une fois heureufement mife, on peut en faire ufage journellement pendant plufieurs années, & même pendant toute fa vie, fauf les accidens.

Figure 2. Ceci eft une *Came*, apartenant à l'efpece des *Moules béantes*, dont nous avons donné la defcription cy- deffus Pl. XVIII. fig. 4. Nous en avions déjà dit quelque chofe dans la prémière Partie, Pl. XXI. fig. 5. La Coquille en eft épaiffe, blanche par dedans & par dehors, mais extérieurement marquée de taches d'un brun jaunâtre, faites en forme de Tentes. C'eft la *Chama optica* de RUMPH, qu'on apelle auffi *la Moule en Agrec*, ou la *Moule à perfpective*, ou par fois le *Camp turc*. Mais il y a auffi parmi les Efcargots en rouleaux une autre efpece rare, que les Amateurs apellent également le *Camp Turc*, ce que nous ne rapellons ici, que parce qu'à la prémière Partie, Pl. XV. fig. 1. où il étoit queftion de cette coquille-là, nous n'avons fait aucune mention de cette dénomination. Pour ce qui concerne la Moule préfente, ce que nous avons à en dire encore, c'eft que ces Coquilles fe joignent & fe ferrent l'une à l'autre près du fommet, au moyen de trois élevations particulières, qui s'ajuftent dans autant de foffettes.

(*) germanice *dickfcbaligte Kamm-Mufcheln.*

Figure 3. Il y a parmi les *Peſtinités à coquilles épaiffes* (*) des piéces, qui n'ont point d'oreilles, & qui par cette raifon ne peuvent point être mifes au rang des *Manteaux*, on ne leur donne que le nom de *Peſtinités*, ou de *coquilles eu peigne*, foit parce qu'ils font faits comme la partie fupérieure d'une Perruque peignée, foit parceque leurs côtes élevées & leurs entaillures les font reffembler à un peigne. On en a plufieurs efpeces très-belles'a côtes larges & étroites, groffieres & fines, baffes & élévées, unies, raboteufes, garnies d'entailles, ou d'aiguillons. Celle que la figure préfente dépeint, a des côtes larges, décorées de taches couleur d'Orange, fur un fond blanc. Ces côtes font épaiffes, ridées & entaillées en travers, & au dedans la Coquille eft blanche, unie, & fans Sillons. Le fommet fe termine par un pivot unique, qui entre dans une foffette oblongue.

Figure 4. Ceci eft encore une *Came*, ou *Moule béante à coquille mince.* Elle eft unie, jaune de citron dedans & dehors, & bordée au côté le plus long d'une bande couleur d'orange. Du côté court les coquilles font un peu dentelées, & au Sommet elles fe joignent au moyen de trois crochets fort écartez l'un de l'autre, qui entrent & s'ajuftent dans autant de foffettes placées vis-à-vis. Outre cela elles font liées enfemble par dehors par une Courroye forte.

Figure 5. A l'occafion de la quatrieme figure de la Planche XVIII. nous avons dit, qu'on met au rang des *Moules béantes unies*, certaines Coquilles, qui font finement rayées. En voici une dépeinte dans la préfen-

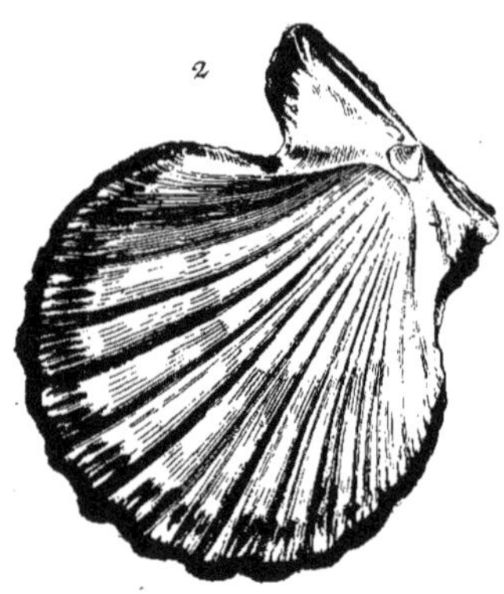

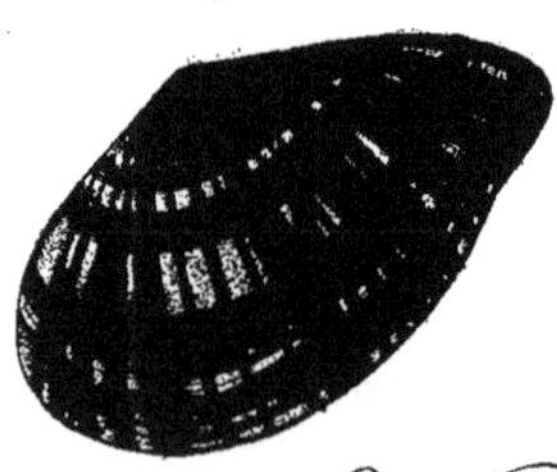

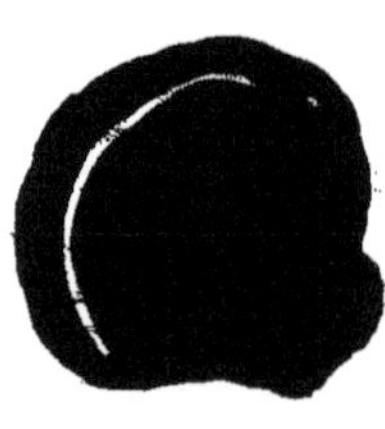

XXI

Ex Museo Schadeloockiano.

G. P. Trautner sc.

fente figure. On l'apelle le *Doublet à rayons*, qu'il ne faut cependant pas confondre avec la *Moule en assiette*, ou *Telline mince*, à laquelle on donne le nom de *Rayon du Soleil*; car celle-ci est moins oblongue, & a une Coquille beaucoup plus épaisse. Celle de la figure présente est garnie par tout de côtes fines & de Sillons pareils, depuis la fermeture jusques aux bords. Les côtes vont toutes un peu en serpentant, & sont entaillées en travers par quantité de Sillons. La fermeture est bleuë tirant sur le rouge, & l'on voit partir de là des rayons de même couleur sur un fond blanc, qui vont se terminer au bord. Les deux Coquilles sont jointes l'une à l'autre par une articulation, outre une pellicule qui les attache l'une à l'autre. Quand l'animal meurt, la pellicule se retire & alors les deux Coquilles sont entièrement ouvertes.

PLANCHE XXI.

Figure 1. Le *Manteau bigarré*, qui se présente ici, a la coquille épaisse & raboteuse ou dentelée, à en juger par l'attouchement. Cela provient de ce que les côtes, aussi bien que les Sillons, ont beaucoup d'entaillures, ou pour mieux dire, qu'ils sont grainez. La Couleur est d'orange à flammes, & les grains, qui rendent la Surface si raboteuse, sont blancs. L'une des deux oreilles est fort avancée en long & en large.

Figure 2. C'est le côte intérieur de la même coquille, sur lequel il n'y a d'autre remarque à faire, si ce n'est que les côtes larges, qu'on voit au dehors, produisent au dedans quelques Sillons, ce qui fait paroître le bord comme s'il étoit cavé, ou dentelée. La Couleur est un blanc rougeâtre, & on observe à l'extrémité une bordure jaunâtre.

Figure 3. Nous avons vû cy-dessus Part. I. Pl. X. fig. 1. une *Cruche à huile*, qu'on apelle l'*Oreille de Géant*. L'escargot que voici n'est qu'une seconde espece plus petite de la même sorte. On y peut encore observer, que cette coquille tient de la nacre, dont elle a le brillant; & qu'elle est mouchetée de noir comme le Tigre.

Figure 4. Nos Lecteurs ont déja vû Part. I. Pl. VI. fig. 5. le *rayon du Soleil violet* & encore P. I. à la Planche XIX. fig. 1. le *rayon du Soleil couleur de pourpre*, tirez de la Classe des *Tellines*, ou *Moules en assiette minces & oblongues*. Ici nous voyons le *rayon du Soleil rouge* de la Classe des Moules en assiette ou *Tellines*. Mais cette piéce-ci diffère des autres *Moules en assiette*, en ce que d'un côté elle est large & ronde, et que de l'autre elle se termine un peu en pointe, & qu'elle paroit comme un peu échancrée. Ces Coquilles portent en particulier le nom de *Jambons*, mais il ne faut pas les confondre avec les autres Coquilles en *Jambons*, qui suivront, & qu'on apelle *Pinna* & non *Tellina*. A cette espece-ci les Coquilles sont minces, jaunâtres & garnies de quantité de rayons rouges, dont les uns sont larges & les autres étroits, &
quoi

quoi qu'on n'y remarque point de côtes, elles ne font pourtant pas bien unies, mais au contraire raboteufes au toucher. La fermeture ou char-niére eft au milieu.

Figure 5. La préfente Coquille, dont le fond eft couleur d'orange a fur ce fond cinq côtes fortes élevées en boffe de couleur un peu fon-cée. Nous la tenons pour une fous-efpece de ce qu'on nomme les *Doublets de Corail.* Elle a quelque reffemblance avec ce *Manteau royal,* dont il a été parlé Part. I. Pl. V. fig. 1. Au dedans la Coquille eft un peu plus blanche, & les côtes auffi bien que les boffes font caves.

PLANCHE XXII.

(*) apa-
remment
à caufe
de la cou-
leur d'O-
range, qui
y domine.

Figure 1. Les Coquilles, qui portent le nom de *Naffau,* (*) méri-tent affurément un rang diftingué parmi les *Efcargots en Lune,* dont l'ou-verture eft ronde comme la Lune, quand elle eft dans fon Plein. Nous avons déjà parlé de plufieurs piéces de cette efpece dans la première Par-tie Pl. III. & X. La prémière & la feconde figure de la préfente Plan-che en dépeignent une de cette Catégorie. La Coquille en eft épaiffe & forte, & avec cela unie, & brillante comme un miroir. La Cou-leur en eft brune, tirant fur le rouge. On y voit autour des Contours deux bandes larges vertes & jaunes, qui ont des taches blanches & ob-fcures, & entre ces bandes il en paffe encore une plus étroite.

Figure 2. eft l'*embouchure* du même Efcargot. Elle eft ronde & de couleur argentine, ce qui lui fait auffi donner le nom de *Bouche d'argent.*

Figure 3. Tout comme la riche Claffe des *Manteaux bigarrez* & des *Coquilles de St. Jaques* nous en fournit une quantité, fur lesquelles on voit briller les plus beaux deffeins, & les plus magnifiques couleurs, avec une variété admirable; de même on en trouve auffi, qui font toutes blanches comme neige, telle que celle-ci, où feulement la partie fupé-rieure vers la Charnière eft un peu rougeâtre. Mais au dedans elle eft abfolument blanche. Ses oreilles font égales & courtes.

Figure 4. En donnant nos defcriptions des piéces contenues fur la Planche XVIII. & fpécialement de la Figure 1. & 2. de la préfente fecon-de Partie, nous avons parlé de certaines *Têtes de becaffe dentelées,* & dit en-tre autres, que quelques unes ont des aiguillons extrèmement longs, & pointus. La préfente figure, & celle qui fuit, nous en produifent une de cette efpece. On en trouve quelquefois de blanches, dont les aiguillons font encore beaucoup plus longs, & plus pointus. Celle-ci eft gris de fouris, & garnie feulement par-ci par-là d'aiguillons plus longs.

Figure

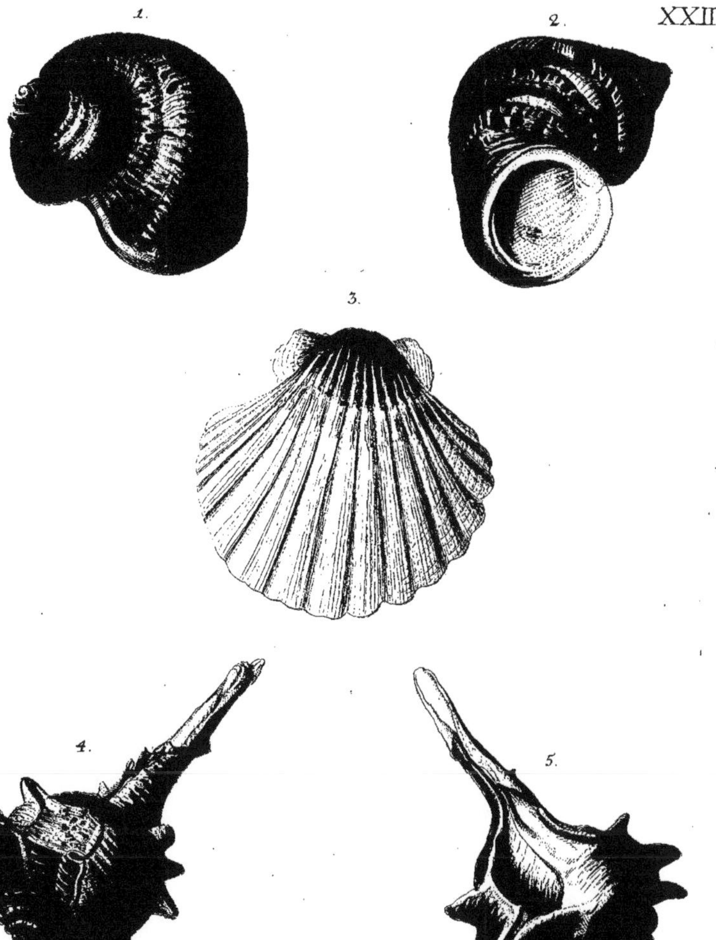

Ex Museo Schadeloockiano.

C. N. Kleemann ad nat pinxit.

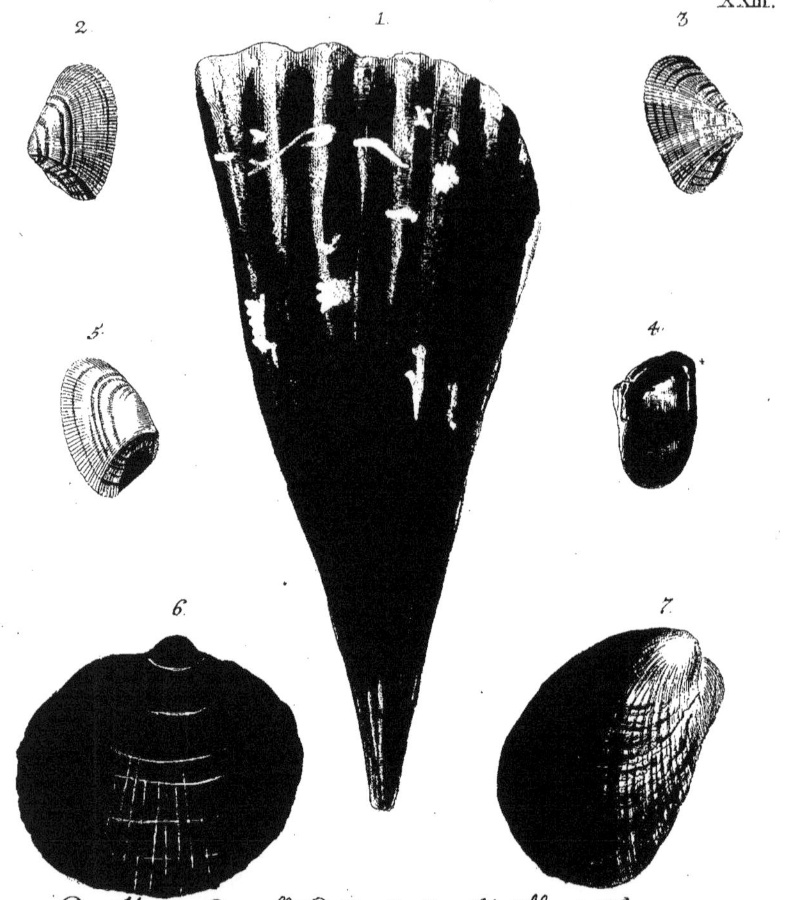

Ex Museo Excell. D. P. L. St. Mülleri Fig. 1. 6. 7. &
Ex Museo summe Reverendi Dn. A. M. Schadeloock. Fig. 2. 3. 4. 5.

Figure 5. ne repréſente que l'*embouchure* de l'Eſcargot précédent, laquelle ſe termine en un conduit long & cavé.

PLANCHE XXIII.

Figure 1. Cette Planche nous produit dans la prémiére figure une Claſſe toute nouvelle de piéces connues ſous les noms de *Coquilles fichées,* ou *Coquilles en Jambon,* ou *Coquilles en fourreau de Piſtolet.* (*) Elles ſont tou-tes larges en haut, & pointues en bas, ce qui leur donne une forme triangu-laire. Ordinairement ces Coquilles ſont minces, un peu transparentes, & (lorsqu'elles ſont encore jeunes) ſubtiles & nettes comme le talc transparent ou la pierre ſpéculaire. Il y a aparence que leur figure triangulare a donné lieu au nom de *Coquilles en Jambon.* Leur Cavité ventruë a fourni l'occaſion de les comparer à des fourreaux de piſtolet, & le nom de *Coquilles fichées* leur vi-ent de ce qu'elles ſe tiennent toûjours fichées par la pointe ſoit dans le ſable, ſoit dans le limon, de façon que la partie ſupérieure large & ouverte, ſe trouve en haut. On en rencontre des quantitez reſſemblées ſous l'eau à environ cinq pieds de profondeur. Elles déviennent fort grandes, & on y trouve un bon lambeau de Chair, qui eſt un morceau friand pour les *Indiens.* L'Habitant de cette Coquille a un autre animal pour Com-pagnon, qui lui ſert de Garde. C'eſt un *Salicot,* autrement nommé *Crevette,* (eſpéce de très-petites écreviſſes de mer) qu'on apelle en Hol-landois *Pinne Wagter,* & en allemand *der Steck-Muſchel-Hüter,* c'eſt-à-dire, le *Garde de la Coquille fichée,* ou *Pinne.* Il n'y a pas un grand nombre d'eſpeces de cette Claſſe; les variations les plus conſidérables qu'on y ren-contre quant à la figure, c'eſt que ces Coquilles ſont longues, ou à é-paules quarrées, unies ou dentelées. On attribue la dernière qualité à leur vieilleſſe. Aprés celà quant à la couleur elles ſont blanches, rou-ges, griſes, ou noires, ce qui pourroit bien auſſi être une marque de vieilleſſe. Du côté le plus long les Coquilles ſont toûjours fermement ſerrées· Du côté le plus court elles ſont ouvertes. & ne joignent pas bien. Cependant elles peuvent auſſi ſe fermer, mais en haut les coquil-les ne ſe ferment jamais.

Celle qui eſt produïte dans la préſente figure s'apelle la *Coquille en Jam-bon longue & unie.* Sa Couleur eſt un rouge de chair; au reſte elle eſt un peu transparente, très-aiguë en haut, mince, & pâle, un peu plus épaiſ-ſe en bas, & marquée tout du long de diverſes rayes, qui indiquent ſon accroiſſement ſucceſſif. On aperçoit ça & là quelques taches blan-ches, qu'on ne peut regarder que comme le réſidu d'un certain limon de nature de chaux, qui entoure toute cette coquille, ſçavoir autant qu'el-le avance hors du ſable ou du limon de la mer. Au dedans la Coquille a un brillant blanc argentin, ſur lequel paroiſſent quelques couleurs de l'

(*) Tout cela eſt compris ſous la dénomi-nation générale de *Pinnes,* en latin *Pinna.* Les noms allemands ſont *Steck-Muſcheln Schincken-Muſcheln & Hulf-ter-Mu-ſcheln.*

Seconde Partie.   F   Arc-

Arc-en-ciel, qui y femblent mêlées. Quelquefois on y trouve de petites Perles, dont le brillant eft obfcur.

On rencontre quelques coquilles de cette efpece, dont le dos eft recourbé en arriére, comme celui d'un fabre.

Figure 2. 3. 4. 5. Le Lecteur eft déjà inftruit que l'on divife les *Cames*, ou *Moules béantes*, en raboteufes & unies, & qu'on en a une efpece
à cotez égaux, & une autre à côtez inégaux, d'où il peut préfumer, que
les coquilles dépeintes par ces quatre figures, qui font toutes de la même
efpece, doivent être mifes au rang des *Cames unies à côtez inégaux.* On les
nomme particulièrement les *Cames à rayons.* Nous ne croyons pas exage-
rer en difant qu'il y a vingt fous-efpeces de cette forte, fans compter diverfes variations & anomalies. Il y a beaucoup d'analogie entre ces co-
quilles-ci, & l'efpece de *Tellines* que nous avons décrite cy-deffus, Part.
I. Pl. VII. Fig. 7. dont le côté le plus court n'eft pas coupé auffi net &
en figure de cœur, comme à ces petites Moules béantes. Les Coquilles
en font épaiffes, la charniére fe trouve placée toute d'un bout, & le côté qui femble coupé repréfente un cœur. On voit un cœur pareil en
haut, mais il eft oblong & étroit. Les Coquilles font garnies par tout
d'anneaux & de rayes, qui forment cependant une Surface unie. Quelques unes ont des anneaux de couleurs variées, pofez en travers, comme à la figure 2, d'autres ont des rayons, qui defcendent tout du long,
comme à la figure 3, encore d'autres n'ont qu'une feule & même couleur, comme la figure 5, auxquelles on remarque au côté coupé une figure de Cœur en couleur exhauffée. Nous difons par là, que de ces coquilles les blanches ont un cœur noir ou bleu, les jaunâtres un cœur
brun ou rouge, & quelques unes n'ont abfolument qu'une couleur unique, fans aucune figure de cœur. La plûpart font violettes en dedans,
comme on le voit à la figure 4. quoiqu'à quelques unes il ne paroiffe intérieurement que du blanc. Le bord en eft finement entaillé & dentelé,
cependant les coquilles fe joignent d'une manière très-ferrée. On les
trouve aux *Iles Antilles*, auffi bien qu'en *Terre ferme* aux *Indes occidentales.*

(*) Vû l'étimolo-
gie il a falu for-
ger le mot de *Coaffa-
teufes*, pour ren-
dre celui de *Qua-
cker* que porte le
Texte allemand.

Figure 6. La *Came*, ou *Moule béante à cotez égaux* repréfentée ici doit
être mife au rang des *Coaffateufes*, (*) nom, qui leur eft venu de ce qu'en
s'ouvrant, comme en fe fermant, elles coaffent à la façon des grenouilles. Comme les Coquilles en font extraordinairement épaiffes, on peut
leur donner un poliment incomparable, à tel dégré, qu'un Miroir ne
fçauroit être ni plus uni, ni plus brillant. Une Couleur de Chatain-
foncé entremêlée d'un reflex blanchâtre joué fur la Surface polie; cependant on voit dans la couleur brune des rayes blanchâtres, qui defcendent tout du long, & qui font courbées par des anneaux en travers.
On feroit presque tenté par ces rayes, de reconoître ces coquilles pour une
efpece de *Peigne*; ce qui l'empêche, c'eft qu'elles ne font jamais élevées

Ex Museo Mülleriano & Schadeloockiano.

vées, & que cette coquille fort toûjours toute unie de la mer , & ne dévient brillante que par le poliment. Ces rayes donc ne femblent être
dans la fubftance de la Coquille que des fibres ou filamens, qui fe font
pofez les uns contre les autres , & ont compofé ainfi l'effence de la Coquille. Au dedans elle eft blanche, tirant fur le jaunàtre.

Figure 7. Ceci eft auffi une *Came unie* mais *à côtez inégaux*, qui,
quant à la ftructure, a beaucoup d'analogie avec les Confalmes marines,
ou Mytules, auxquelles elle reffemble entièrement par l'épaiffeur de
la coquille, par la couleur, par les rayes, & par le poliment. La difference git en ce qu'un des côtez eft oblique, & s'étend près de la charnière en une aîle large, qui paroit être une oreille. Cette piéce fert à
apuyer ce que nous avons déjà dit plus d'une fois, fçavoir, qu'infen-
fiblement une efpece paffe d'une claffe à l'autre, d'où il refulte qu'à la
fin il eft affez difficile de déterminer les limites de chaque Claffe. Le
celèbre *Linnæus* diftingue les Cames des Mytules en ce que celles-là ont
au fommet deux dens, qui entrent dans leurs foffettes, & que celles-ci
fe repofent fimplement l'une fur l'autre au moyen d'une charnière toute
unie. Ainfi en quelque façon la préfente Came peut être mife au rang
des Mytules, non feulement parce qu'elle leur reffemble par fa courbure & ftructure extérieure, mais auffi parce qu'au fommet épais elle
n'a prefque ni dens ni foffettes, ou qu'au moins ces dens & foffettes
font fort plattes.

PLANCHE XXVI.

Figure 1. Nous avons déjà produit differentes fortes de la Claffe des
Huitres, Voyez Part. I. Pl. VI. fig. 3. Pl. VII. fig. 1. Pl. VIII. fig. 1. Pl. IX.
fig. 2. Pl. XXI. fig. 2. Pl. XXIII. fig. 2. & 3. & Pl. XXIX. fig. 1. & 2.
Mais (à la referve de la *feuille de Laurier,* Part. I. Pl. XXIII. fig. 2.) il n'y
en a point qu'on tienne pour auffi rare, que celle qui eft dépeinte
dans la préfente figure. Celle-ci, & un petit nombre d'autres fortes rares d'huitres, fe trouveront dans bien peu de Collections. Elle eft
tout-a-fait mince & platte, un peu recourbée tout autour du bord & fi
peu ventruë, qu'il n'eft prefque pas croiable qu'un animal puiffe y faire fon habitation, puis qu'entre les deux coquilles un morceau de cuir
tant foit peu épais trouveroit à peine place. Sa figure platte, à peine
recourbée au bord, lui fait donner le nom de *Selle à l'Angloife.* (*) La
fubftance de la Coquille tient de celle de la nacre de perle, & eft abfolument compofée d'écailles couchées les unes fur les autres, à l'inftar de
la pierre fpéculaire, ou miroir d'âne, faciles à feparer, ce qui fait que
les *Chinois* les recherchent avidement, pour les plaquer fur leurs Ouvrages vernis de menuiferie. Rarement les rencontre-t-on avec les deux
coquilles entières, & non endommagées, parcequ'un certain ver s'y
atta-

(*) en
lemand
der *Eng-
lifche-Sat-
tel.*

attache, qui les perce. La figure, qu'on voit ici, eſt le côté intérieur du Couvercle de cette Huitre en Selle, où l'on aperçoit les plus vives Couleurs de l'Arc-en-Ciel à travers un Luſtre de nacre. En haut à la charnière on remarque deux élévations, que les Coquilles tiennent l'une à l'autre au moyen d'une pellicule fine. On trouve aſſez fréquemment de petites perles dans cette eſpece de coquilles.

Figure 2. Il a été déja parlé plus d'une fois des *Eſcargots de porcelaine* & on en a trouvé pluſieurs figures cy-deſſus. Voyez. Part. I. Pl. V. fig. 3. & 4. Pl. XIII. fig. 1. & 2. Pl. XXVI. fig. 3. & 4. Pl. XXVII. fig. 2. & 3. & Part. II. Pl. XVI. fig. 1. Nous ajoutons ici ſimplement que l'Eſcargot auſſi brillant que beau, chatain de couleur, que voici, eſt le véritable *Argus*, qu'il faut cependant bien diſtinguer de l'*Argus double*, qui eſt plus jaunâtre, plus pâle en couleur, & qui outre les taches blanches a encore un anneau brunet. La plûpart des eſcargots, quand on les péche, ſont envelopez en ſortant de la mer d'une peau, dont il faut les dépouiller ſur le champ; mais ceux qu'on nomme *Porcelaines* ſont naturellement, au moins pour la plus grande partie, unis & brillans comme un miroir, quand on les tire de l'eau, de ſorte qu'on n'a point la peine de les nettoyer.

Figure 3. Cette *Coquille Porcélaine*, qui n'eſt ni moins belle ni moins unie que la précédente, & qui a un brillant extraordinaire, eſt à la vérité de la claſſe des *Taupes*, mais ſa couleur eſt moins foncée, & on y remarque quatre bandes cendrées ſur un fond brun-clair, (*) Elle eſt à la façon des *Taupes* plus longue & moins groſſe, que les autres *Porcelaines*.

(*) en allem. *bandirte Porcellane*

Figure 4. Comme nous avons parlé amplement de la Claſſe entière des *Eſcargots en cone*, ou *en piramide*, ou *en cornèts* dans pluſieurs endroits de cet ouvrage, & ſpécialement en décrivant les piéces contenues ſur la prémière planche de cette ſeconde Partie, nous n'en dirons rien de plus, nous contentant d'indiquer le nom qu'on donne au beau cornet, que nous voyons ici. On l'apelle le *Cornet des Mennonites*. Difficilement nos Lecteurs dévineroient-ils la raiſon d'une dénomination ſi particuliére. Nous allons les en informer. Les *Mennonites* en *Hollande* ſont des Citoiens paiſibles, qui vivent d'une façon très retirée. Quoi qu'ils ſoient pour l'ordinaire très riches, ils ne donnent point dans la vanité des habits, ni ne portent des couleurs trop voyantes. Mais ils ſe piquent en revanche d'une extrême propreté, & en s'habillant modeſtement, la netteté & le bon goût diſtinguent toûjours le choix de ce qu'on voit ſur eux. La choſe eſt ſi vraie qu'elle a paſſé en Proverbe en *Hollande*, car quand un objèt eſt modeſte & en même tems propre & d'une beauté exquiſe, on dit cela eſt *à la Mennonite*. Il y a même une eſpece de fleurs qu'on apelle

par

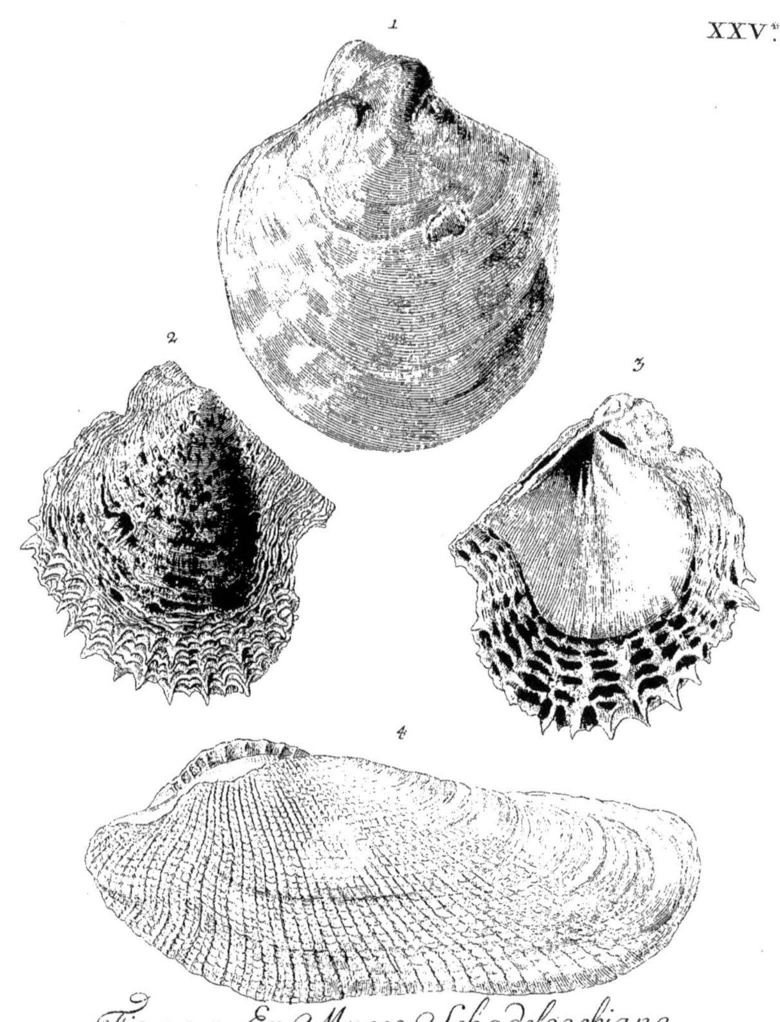

Fig. 1. 2. 3. Ex Museo Schadeloockiano.
Fig. 4. Ex Museo Mülleriano.

J. C. Keller ad nat. pinxit.

G. P. Trautner sculps.

par la même raiſon la *Propreté Mennonite*, en Hollandois *Meniſte Rindelykheit*.
Voila nos Lecteurs au fait par raport au nom de cette coquille, qui ſur
un fond blanc comme neige, uni de tout point, & brillant, à l'égal de
la plus belle Porcelaine, a en partie à l'embouchure, & en partie à la
pointe la plus baſſe une teinture pompeuſe de violet. Quelques fois
elle eſt entourée d'une bande violette jusques vers le milieu. Cette
Couleur violette ſemble être une couche, ſous le blanc éclatant d'une
Envelope de Porcelaine, à travers laquelle elle brille admirablement.
Les Contours qui s'avancent un peu en haut, & dont la ſurface eſt
unie, ſont quelques fois abſolument blancs, & quelques fois on y obſerve des anneaux violets, tirant ſur le rougeâtre, qui s'y entremêlent,
de façon, que cette Coquille ſe diſtingue par ſa beauté frapante, quand
elle ſeroit mêlée dans un millier d'autres cornêts très-beaux auſſi.

Il ne faut pas s'imaginer que cette piéce ſorte, telle que nous venons de la dépeindre, du ſein de la mer. On ſe tromperoit, car quand
on la tire de l'eau, elle eſt couverte d'une méchante peau jaune, & outre cela de quelques cercles élevez, de ſorte qu'excepté la partie inférieure de l'embouchûre, on voit à peine quelque choſe de la couleur
violette. Mais quand on a ôté cette peau, & poli la coquille, ce qui
n'eſt pas une petite occupation pour les Amateurs, alors elle paroit
telle que nous venons de la décrire, & que la figure la repréſente. Au
reſte elle eſt épaiſſe, & on peut, en la poliſſant, en émouler une bonne
partie ſans l'endommager.

Figure 5. La Claſſe des *Caſques*, dont nous avons déjà parlé cy-deſſus
Part. I. Pl. XVII. Fig. 1. & 5. Part. II. Pl. IX. fig. 2. eſt fort riche, &
ſe diviſe en pluſieurs eſpeces; il y en a de boſſus, de tuberculez, à aiguillons, à côtes, & d'unis. Celui qu'on voit ici & dont on trouvera peu
de pareils, eſt diſtingué par ſa Structure particuliére. Son nom eſt:
le *Caſque à Sillons profonds* & *côtes élevées*. Cette coquille eſt en dehors
couleur de chair, & garnie de poils ou filamens au fond des Sillons.
Les côtes, ou cercles, ſont fort élevéz, un peu noueux, larges, &
cavez au dedans. Les Contours ſe ſuccèdent en ligne oblique, & ſe
terminent en une pointe obtuſe. Le dedans reſſemble aſſez à de la porcelaine blanche.

PLANCHE XXV.

Figure 1. Voici encore une piéce qui apartient à la Claſſe des *Huitres.* C'eſt la *veritable Moule de Nacre de perle*, ou la *Matrice des Perles*, puis-
que c'eſt dans ſes coquilles qu'on trouve cet ornement ſi cornu des Da-
mes & des Perſonnes de diſtinction. Quand on en a ôté l'écorce extérieure rude, écaillée, & pleine de filamens, alors cette Coquille dévient

 unie

unie & brillante, épaiſſe, & elle eſt grande au point qu'on en peut ſcier en large & en travers des piéces entiéres, qu'on polit de nouveau, & dont l'on ſe ſert ſoit pour en faire des Tabatières, ſoit en les employant à toutes ſortes d'ouvrages de belle marqueterie. Les deux coquilles ſont également ventruës, cependant toûjours l'une un peu plus petite que l'autre, & attachées l'une à l'autre en haut par une peau. Elles n'ont qu'une oreille, & ſe terminent de l'autre côté en extremité ronde, qui forme enſuite près de la charnière un petit eſpace plat. On tient pour les plus belles celles, qui ont un brillant blanc argentin, ſur lequel on voit joüer quelques couleurs de l'Arc-en-ciel, & qui, quoiqu'elles paroiſſent pleines de boſſes à la ſuperficie, en n'en jugeant que par les yeux, ne laiſſent pas d'être unies, vû qu'au toucher on n'y trouve pas le moindre veſtige d'élevation.

Quant aux Perles même, c'eſt le ſuc digeſtif de l'animal qui les prépare, & les detache de la coquille en figure ronde, comme cela arrive auſſi à l'égard des pierres, reſſemblantes aux Perles, qu'on trouve dans les Cames, & dans d'autres coquilles. C'eſt ici le lieu de dire quelque choſe des particularitez de la Pêche des Perles, que les *Hollandois* exercent à l'Isle de *Ceylon*. On commande, lorſque la ſaiſon de cette Pêche aproche, les *Indiens*, qui arrivent en grand nombre dans leurs Canots au rivage, & amenent avec eux leurs femmes & leurs Enfans. Quand on leur a donné le Signal, les Canots avancent dans la Mer, jusques à une certaine hauteur. Il y a dans chaque Canot deux *Indiens*, dont l'un eſt deſtiné à plonger, & l'autre à gouverner le Canot, & à prendre garde au Plongeur. Le Plongeur eſt tout nud. On lui met devant la bouche une éponge imbibée d'huile, il a les oreilles bouchées, on lui lie autour du corps une corde dont l'un des bouts eſt attaché au Canot, & un Sac lui pend ſur la poitrine, qui tient par une corde autour du col, & ſous l'une des aiſſelles. Ainſi équipé il ſaute hors du Canot, plonge au fond de l'eau, & ramaſſe avec promptitude autant de Coquilles qu'il peut. A peine a-t-il été 7. ou 8. minutes ſous l'eau, qu'il donne un ſignal au moyen de la corde, qui tient par un bout au Canot. Alors le ſecond *Indien* ſe hâte de retirer le Plongeur, qui arrive ſouvent ſur l'eau le nez ſaignant, & les oreilles auſſi, ce qui ne l'empêche pas après avoir vuidé ſon ſac, & pris un peu haleine, de replonger de nouveau, jusques à ce que la Pêche ſoit finie.

On enterre dans le ſable du rivage les Moules péchées, pour qu'elles y pourriſſent. Car il eſt à obſerver qu'au moment où l'animal ſe ſent pris, il retire ſes coquilles, & s'y renferme ſi fortement que rien au monde n'eſt capable de les rouvrir, quelqu'effort qu'on y employe. Mais quand l'animal meurt, les Coquilles s'ouvrent & ſe ſeparent d'elles mêmes. Alors la pourriture de tant de milliers d'huîtres excite une

puan-

puanteur infuportable. Tout cela paffé, on trie les perles, qu'on ferre, & on procède après à nettoyer les Coquilles, qu'on vend pour l'ufage dont nous avons fait mention.

Pour quelques écus on peut acheter à tout hazard, lorsqu'on fe trouve fur les lieux, une grande quantité de ces coquilles, dans l'efperance de faire quelque profit fur les perles qu'on y trouvera. Mais il fe rencontre fouvent que fur cent coquilles il ne s'en trouve pas une, qui fourniffe une feule Perle paffable, & fuffifante pour dedommager l'Acheteur de fes frais. Ainfi ce Commerce reffemble fort à une Lotterie; car quantité de perles font informes, ou de couleur chetive, ou vereufes, ou trop fortement attachées encore à la coquille, de laquelle on ne peut les détacher qu'en les rompant, ce qui produit toûjonrs un côté endommagé. Il faut qu'une Perle pour être de mife, foit bonne d'origine, car il n'eft pas poffible de la polir, & de lui donner par art la beauté que la nature lui a refufé.

Figure 2. Toutes les plages de la mer ne fourniffent pas la méme efpece d'efcargots ou de moules, & lors-méme qu'on en trouve d'une méme forte en deux endroits differens, on y remarquera toujours quelqne variation, qui les fait divifer en fous-efpeces, Les Climats de la Terre produifent diverfes Plantes felon leurs differentes fituations, qui ne laiffent pas d'apartenir à une feule & méme Claffe générale; l'on fçait auffi que des païs éloignez les uns des autres il nous vient des animaux differens entre eux, qui ne laiffent pas d'être au fond de la méme efpece: il en eft de méme des Animaux à coquilles, qui fe trouvent dans diverfes plages de la mer. La figure préfente en fournit un exemple. La Moule précédente étoit une *Nacre de Perle des Indes orientales*, & fpécialement de la péche de *Ceylon*. Celle-ci eft auffi une *Nacre de Perle*, mais elle nous vient des *Indes occidentales*, nommément des *Iles Antilles*. La dernière n'aquiert jamais la méme Grandeur & épaiffeur, à laquelle la prémière parvient, de laquelle elle diffère encore tant par raport à la ftruĉture, que relativement à la peau extérieure. Outre cela la dernière ne renferme jamais une Perle. On l'apelle la *Selle à la Polonaife*, pour la diftinguer de celle qui porte le nom de *Selle à l'Angloife*. La peau extérieure écaillée, qui dépaffe de beaucoup la Coquille dure proprement ainfi dite, peut paffer pour la houffe.

Cette peau extérieure, qu'on trouve dépeinte ici, confifte en écailles fort femblables au Parchemin, difpofées en couches l'une fur l'autre & pouffées en partie l'une fous l'autre à la façon des tuiles. Elles tiennent ferme à la coquille, mais elles s'élèvent & crèvent par l'ardeur du Soleil. On y remarque au bord des dens longues. Par fois cette croûle extérieure eft blanche, ou verte comme l'herbe; ou auffi d'un rouge mélangé, décoré de flammes, mais elle eft auffi rude & fragile.

Figure

48

Figure 3. On vo t ici la partie intérieure de la méme coquille avec la peau, qui la couvre. La Coquille proprement ainsi dite brille comme d'autres Nacres, mais quant à la couleur elle tire davantage sur le verdâtre. Le Lambeau, qui sort de la peau extérieure, semble étre enduit d'un vernis.

Figure 4. Nous avons donné dans la prémière Partie Pl. XVI. fig. 1. & 2. Pl. XXIII. fig. 3. & Pl. XXIV. fig. 3. & 4. la Description de quelques *Arches de Noé*. Or il est vrai, qu'il y a de *veritables Arches de Noé;* & d'autres qu'on nomme *Arches bâtardes*, qui ont les unes & les autres une coquille épaisse, & apartiennent toutes à la Classe des *Peignes*. Mais la présente figure nous produit une espece particuliere à *coquille mince*, que quelques Amateurs apellent l'*Arche de Noé mince*, & qu'on met aussi au rang des *Peignes*, d'autant plus qu'au dehors ses côtes sont très-fortes. Cependant quoique cette Coquille ait beaucoup de ressemblance avec les *arches*, nous aimons mieux la regarder comme apartenant aux *Becs du Canard* (a) qui sont de la Classe des *Moules à tuyau à coquilles doubles*, (b) & auxquels on donne le nom de *Bailleurs éternels* (c) ou de *Moules toujours béantes*, (d) parceque les Coquilles ne peuvent jamais se fermer. Comme elles vivent dans le sable à la façon des *Pholades* de la Classe des *Confalmes marines*, il arrive aussi qu'on leur donne le méme nom. La Coquille en est mince, la couleur blanc-jaunâtre, la masse un peu transparente. Les Côtes hautes, dont cette Coquille est pourvuë, sont traversées par des anneaux élevez, & cela forme une espece de grillage. Cette piéce a une forme toute particuliére près de la Charnière & près de l'embouchure, car à ces parties les babines se replient tout-à-fait en arrière, & les coquilles ne tiennent l'une à l'autre qu'au moyen d'un petit os long, fait en crochet, & d'une pellicule forte comme du parchemin. La Coquille nous vient des Indes occidentales, & est de la plus grande espece. Celles de la méme sorte, que l'on trouve dans la Méditerranée, sont beaucoup plus petites.

(a) en allemand *Enten-schnaebel.*
(b) Coquille bivalve, qu'on apelle en latin *Solenes,* en allem. *zvveyschaligte Röhr-Muscheln.*
(c) en allemand *evvige Klaffer.*
(d) Texte allem. *evvige daurende Gaffers.*

(*) en allemand *Schincken-Muschel,* c'est ce que Bertrand apelle *Jambonneau,* en latin *Perna*

PLANCHE XXVI.

Figure 1. On nomme l'original de la présente figure *la Moule en Jambon,* (*) *noire, dentelée, à épaule large.* Sa Couleur est noirâtre, & la Coquille épaisse & opaque, toute doublée au dedans d'un brillant de nacre, qui est aussi noirâtre. Au dehors sa structure est du tout semblable à celle de la Coquille suivante, que nous allons décrire.

Figure 2. Ceci est donc *la Moule en Jambon* ou le *Jambonneau rouge, dentelée, à épaule large.* Nous prions d'abord le Lecteur de se rapeller ici la description que nous avons donnée de la prémière figure de la Planche XXIII. La présente Coquille est mince, transparente, & ne diffère de

celle

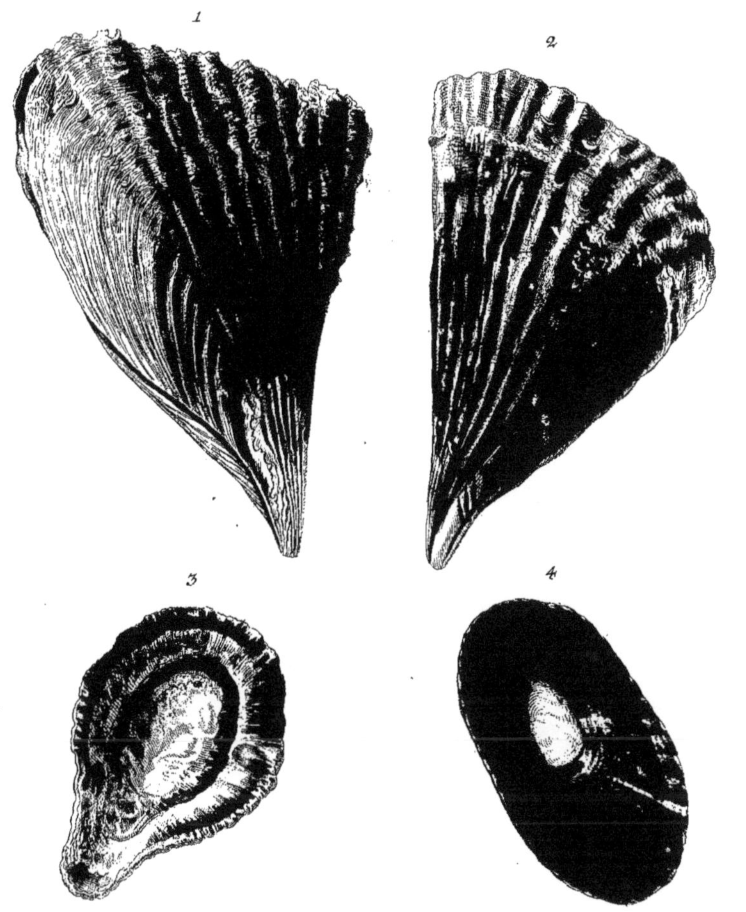

Fig. 1. 3. 4. Ex Museo Mülleriano.
Fig. 2. Ex Museo Schadeloockiano.

J. C. Keller ad nat. pinxit.   G. P. Trautner sculps.

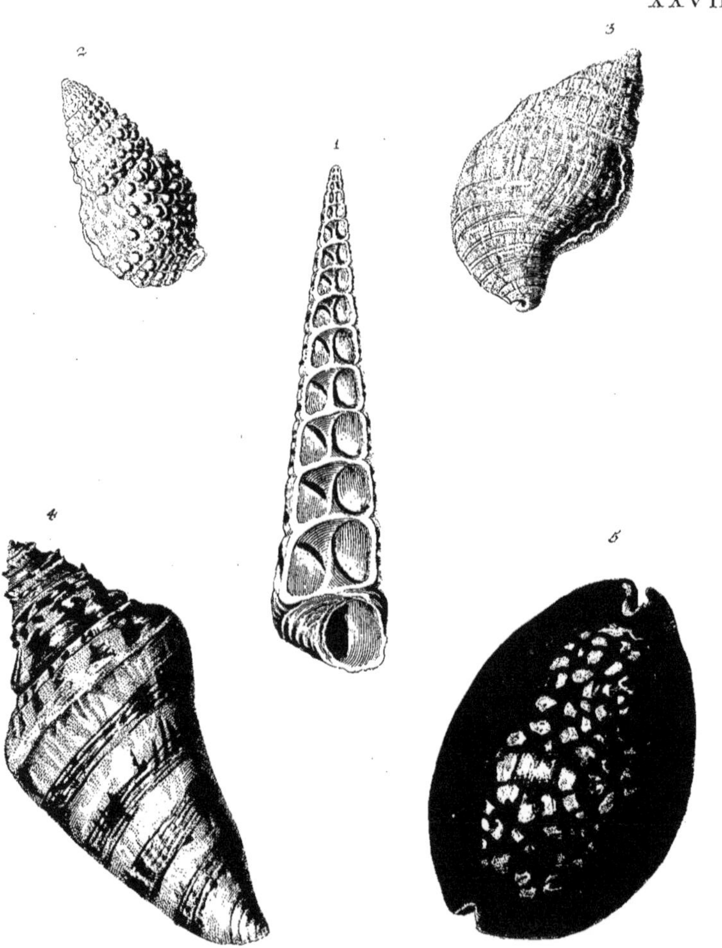

Ex Museo Mülleriano.

celle de la **Planche XIII**, que nous venons d'alleguer, qu'en ce qu'elle a des dens, & qu'elle eft plus courte & plus large. Ces dens cependant ne font autre chofe que des Clous caves, qui naiffent de la coquille dans une pofition oblique. On préfume que toutes les *Coquilles en Jambon*, quand elles font encore jeunes, ont de pareilles dens, mais qu'elles les perdent fucceffivement, à méfure qu'elles vieilliffent. Ce qui nous paroît pourtant douteux; car ayant vû des Coquilles de cette efpece jeunes & petites encore, qui n'avoient point de dens, & d'autres vieilles & grandes, qui en étoient pourvûës, nous fommes plûtôt difpofez à croire qu'il en exifte réellement deux fortes differentes.

Figure 3. Il a déja été dit que les Moules en plat, ou *Patelles* (a) fe fubdivifent en plufieurs fous-efpeces, voyez Part. I. Pl. XX. fig. 2, Pl. XXI. fig. 1. & Pl. XXX. fig. 2. & 3. La préfente figure nous en produit une de cette efpece par fon côté intérieur, qu'on apelle le *Cuillier*. (b) La Coquille en eft très-épaiffe, abfolument formée comme un Cuillier, & cavée. La couleur au dehors en eft blanche, tirant fur le bleu, & le fond intérieur eft couvert d'un gros bourrelet, dont la Couleur eft bleu de Roi.

(a) en allemand *Klipkleber*, que nous avons apellez dans la prémière Partie *Succe-Rocher*.

Figure 4. La figure nous préfente le côté intérieur d'une autre Patelle, qu'on a coutume d'apeller le *Bouclier*. La Coquille en eft auffi épaiffe que le plus épais papier de Mufique, rougebrune de couleur, fort profonde ou cavée, & d'un blanc bleuâtre vers le milieu. Au dehors la Coquille eft garnie de Sillons fins, & de côtes. Ici la couleur eft un gris-brun.

(b) en allemand der *Loeffel*.

PLANCHE XXVII.

Figure 1. Nous avons vû Part. I. Pl. VIII. fig. 6. & 7. & Pl. XXIII. fig. 4. & 5. quatre belles piéces de la Claffe des *Strombes*, ou *Coquilles à vis*, ou *à aiguille*. (c) Cette Claffe a un grand nombre d'efpeces & de variations. Il eft a obferver que la ftructure extérieure, les deffeins variez, & les couleurs diverfes, ne font pas les feules chofes remarquables relativement aux Coquilles & aux Efcargots. Leur Architecture intérieure, inconuë encore a quantité d'Amateurs, mérite auffi quelque attention. Pour s'en former une idée jufte, il faut fe refoudre à ôter à l'Efcargot, tel qu'il foit, une moitié en long, en l'émoulant avec précaution, pour ne pas l'endommager, fur une pierre fine: on peut fe fervir d'une fcie convenable pour faire la même opération fur les Coquilles grandes & épaiffes. Au moyen de cela l'on trouvera que tous

(c) en allemand *Schrauben* - ou *Nadel-Schnecken*.

G

les

les eſcargots d'une même Claſſe ont toujours une Conſtruction pareille, quelle difference qu'on y rencontre d'ailleurs par raport à leur conformation exterieure, ou aux deſſeins divers dont les coquilles ſont marquées. Il en eſt de même dans le Regne animal, où tous les individus d'une même eſpece ſont conſtituez extérieurement l'un comme l'autre, quoiqu'ils different extérieurement fort les uns des autres par leur poil, par les plumes, & par d'autres parties. Il y a cependant quelque variation par raport à la couleur intérieure des eſcargots, qui quoique de la même Claſſe, ſont plus ou moins blancs, ou bleuâtres, ou couleur de chair, ou rouges. Il ſuffit donc pour une Collection, qu'on ait une ſeule piéce de chaque Claſſe, partagée ainſi par le milieu, & l'on peut prendre pour cet uſage ou un Eſcargot de la moindre ſorte, ou quelque piéce qui ſoit endommagée d'un côté, puisqu'un ſeul individu ſuffit pour qu'on puiſſe former un jugement ſur tous les autres de la même Claſſe. Cette Méthode d'émouler les piéces a auſſi ſon utilité dans les cas douteux, c'eſt à-dire, quand il eſt difficile de déterminer à quelle Claſſe principale tel ou tel individu apartient, ce qui dévient facile à décider dès qu'en l'ouvrant ainſi, on en a vû l'Architecture intérieure. Concernant donc la Coquille dépeinte ici ſous la prémiere figure, c'eſt une *Strombe*, ou *Eſcargot à vis*, ou *en aiguille*, coupé tout du long par le milieu, où l'on voit la marche de tous les Contours dans le plus bel ordre. Mais pour pouvoir juger nettement de cette façon d'Architecture, il ſera néceſſaire de dire quelque choſe des diverſes Méthodes qu' employent les Eſcargots pour conſtruire l'intérieur de leurs habitations. Quelques uns n'ont en dedans point de Contours du tout, mais des Chambres, tels que le *Nautile*, ou le *Voilier;* (*) & quelques *Cornes d' Ammon*, d'autres comme les *Cornets de poſte*, & les *Eſcargots formez en tournant* (**) ont un conduit cave, qui s'élève vers le haut en ligne ſpirale, ou d'autres encore n'ont qu'une paroi de ſéparation, comme les *Limaçons à valvule* & les *Eſcargots formez en demi-Lune*. Après cela il y en a quantité, qui ont les Contours proprement ainſi dits, & tels ſont presque tous les autres Eſcargots, qu'on diviſe encore en deux Claſſes principales. Ceux de l'une ont au milieu un pivot fort, ou eſpece de Colonne, ceux de l'autre n'ont point ce pivot. Ceux, qui ſont pourvûs du pivot, varient encore entre eux à quelques égards. Le Pivot des uns eſt uni & droit, à d'autres il eſt tors & a un ou deux bourrelets, ou lacets, qui en font le tour; il y en a encore une ſorte, où pluſieurs Pivots ſéparez ſemblent s'être placez l'un ſur l'autre, de façon que le pié pointu & mince du nouveau pivot ſe trouve toûjours ſur la tête large du pivot, qui eſt immédiatemunt au deſſous, tout comme ſi a chaque Contour une nouvelle articulation avoit lié l'un à l'autre, ou que l'un fût né de l'autre.

(*) en latin *Nautilus.*
(**) en allemand *Wirbel-Schnecken*

51

Les autres, où il n'y a point de pivot, n'ont qu'un conduit de bas en haut en ligne spirale, où l'animal n'a d'autre apui que la coquille même, & cette espece se subdivise encore en deux sortes. A l'une le Conduit est tellement spacieux, qu'il prend aussi la place, où se trouve le pivot dans les Escargots de l'autre espece. A l'autre ce même Conduit est étroit, & occupe à peine la moitié de la coquille, de sorte qu'un pivot pourroit encore y trouver place, d'où il resulte, qu'en rompant la pointe de la coquille on peut, en y portant l'oeil, voir à travers tous les conduits & contours de l'Escargot, jusques à l'endroit où le pivot pourroit être, & y faire passer même une grosse épingle en guise de pivot, ce qu'on ne sçauroit faire à l'autre espece immédiatement précédente, quoiqu'elle soit aussi sans pivot.

Cette explication rendra plus intelligible la description que nous allons donner de la présente Figure. C'est une *Strombe*, ou *Escargot à vis* ou *en aiguille*, sciée en deux en long, qui n'a point de pivot, ou de vis, (comme on l'apelle quand on parle d'un escalier en caracol,) mais un Conduit qui s'élève en ligne spirale, qui est spacieux au point qu'il occupe au milieu la place du pivot, ou de la vis. Les lignes qu'on voit en travers sur cette figure, marquent le fond de chaque Contour tel qu'on le voit au dehors de la Coquille. La largeur du conduit diminue successivement d'un Contour à l'autre, & s'appetisse au point de dévenir à la fin imperceptible. La Couleur est un bleu blanchâtre, & les parois intérieures de la Coquille font par tout plus unies, & beaucoup plus brillantes que la plus belle Porcelaine. Une Collection de pareilles moitiez de Coquilles émoulües avec soin, & tirée de toutes les Classes, est un spectacle magnifique à voir.

Figure 2. Nous avons vû deux especes de *Coquilles Sabottes*, ou *Buccins* en décrivant les figures 2. 3. 4. & 5. de la Planche XVI. de cette seconde partie. Cette Classe est très-nombreuse, ce qui fait qu'on y trouve diverses piéces d'une Architecture tout-à-fait particuliére. C'est dequoi la présente figure, & celle qui suit, fournissent un exemple. Ceci est le *Sabot grenu*, qui porte ce nom parceque ses Contours font chargez d'un nombre de gros Grains placez en rangées. L'Embouchure est un peu dentelée, & la Coquille est forte & épaisse.

Figure 3. Ceci est le *Sabot grillé*, dénomination, qui lui vient de la quantité de rayes élevées, qui courent sur les Contours, & qui font toutes traversées du haut en bas par d'autres rayes, ce qui forme à tous égards un grillage. La Couleur en est pareille à celle de la Cen-

G 2

dre

dre du Tabac à fumer, qu'on nomme Canaſtre. L'écaille eſt épaiſſe & n'a aucun brillant.

Figure 4. On met au rang des *Eſcargots à aiguillons*, ou *ailez*, (a) qu'on nomme *Griffes du Diable, Harpons de Nacelle, & Scorpions*, dont il a été queſtion Part. I. Pl. XXVII. fig. 1. item Pl. XXVIII. fig. 1. & Part. II. Pl. III. fig. 1. encore une eſpece non dentée, qu'on apelle *Moignons*, parceque ces coquilles ſont obtuſes & ſans dens, & qu'on regarde comme une eſpece imparfaite des *Eſcargots à aiguillons* cy-deſſus mentionnez. Tel eſt celui qui ſe préſente ici. Cependant la Conſtruction de cette Coquille a plus de conformité avec celle des Limaçons qu'on nomme *Eſcargots charnus*, ou *Culotes de Suiſſe;* ou avec l'eſpece dont on verra une piéce ſciée ſur la Planche ſuivante XXIX. fig. 1. & de là on peut conjecturer qu'elle en eſt une ſous-eſpece ſans aiguillons. Cette Coquille eſt mince, & les Contours avancent tout comme aux *Eſcargots ailez & à aiguillons:* au reſte elle eſt flammée de brun tout du long, garnie en travers de quelques bandes brunes uniquement compoſées de lignes brunes obſcures, au reſte unie, ſans ride ni boſſe, & jaunàtre au dedans.

Figure 5. Nous avons vû & décrit tant de Porcelaines, que nous pouvons nous diſpenſer de nous arréter long-tems à celle-ci. Elle a, quant à l'épaiſſeur, & à la Couleur beaucoup de reſſemblance avec la *Porcelaine, Squelette de Tortue,* (b) que nous avons vûë cy-deſſus Part. I. Pl. XIII. fig. 1. & 2. & elle n'en diffère que par des taches blanches éparſes ſur la ſuperficie ſur un fond brun, lesquelles y ſont le même effèt, que ſi l'on avoit laiſſé tomber des gouttes d'eau ſur un fond peint en brun, dont la couleur n'auroit pas encore été ſeche, & que ces gouttes auroient un peu éffacée. De là vient que quelques Collecteurs apellent cette Coquille les *Goutes d'eau* & d'autres la *Porcelaine de la petite vérole.* (c) Au reſte la Coquille eſt fort épaiſſe, plate & large près de l'embouchure, & preſque noire, ou tout au moins d'un brun très-foncé.

PLANCHE XXVIII.

Figure 1. On voit ici un Limaçon très-beau & peu commun qu'on apelle le *Sabot noueux,* & qui porte particulièrement le nom d'*Hector.* Quant à la ſtructure c'eſt un Sabot parfait. Les Contours ſont garnis d'une grande quantité de nœuds diſpoſez en rangées régulières. Chaque Contour en a deux, dont les nœuds ſont fort gros. Les autres rangées

(a) en ällemand *Stachel-* ou *Flügel-Schnecken.*

(b) Latine *Concha teſtudinaria,* en allem. *Schild-Kroeten-Porcellane.*

(c) ainſi nommée à cauſe que ſes taches reſſemblent aux grains de la petite verole, en allem. *Pocken-Muſchel,* ou *Blatter-Muſchel.*

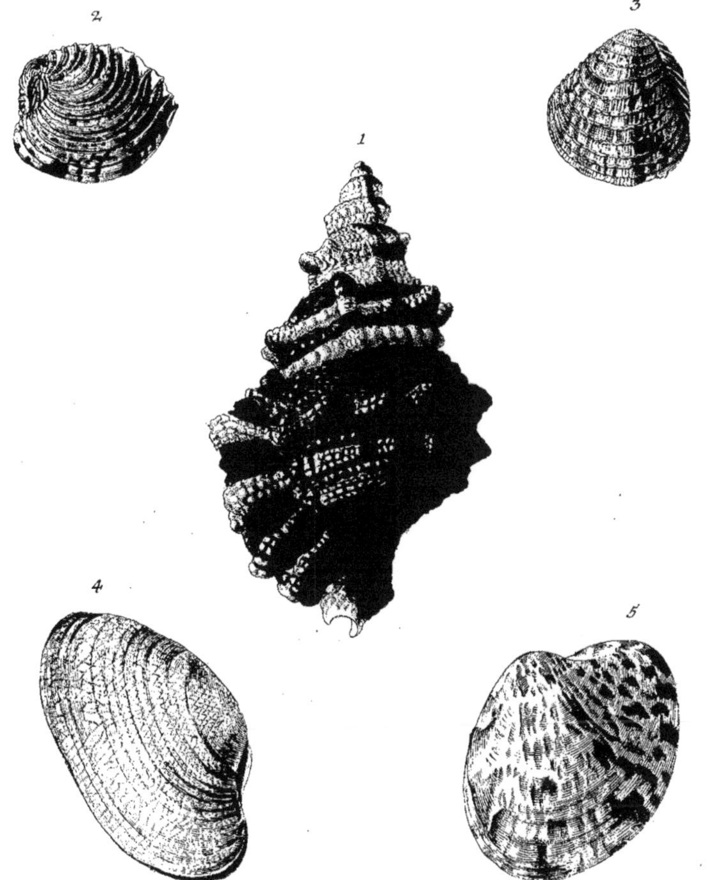

Fig. 1. 3. 4. Ex Museo Schadeloockiano.
Fig. 2. & 5. Ex Museo Mülleriano.

J. C. Keller ad nat. pinxit.   G. P. Trautner sculpsit.

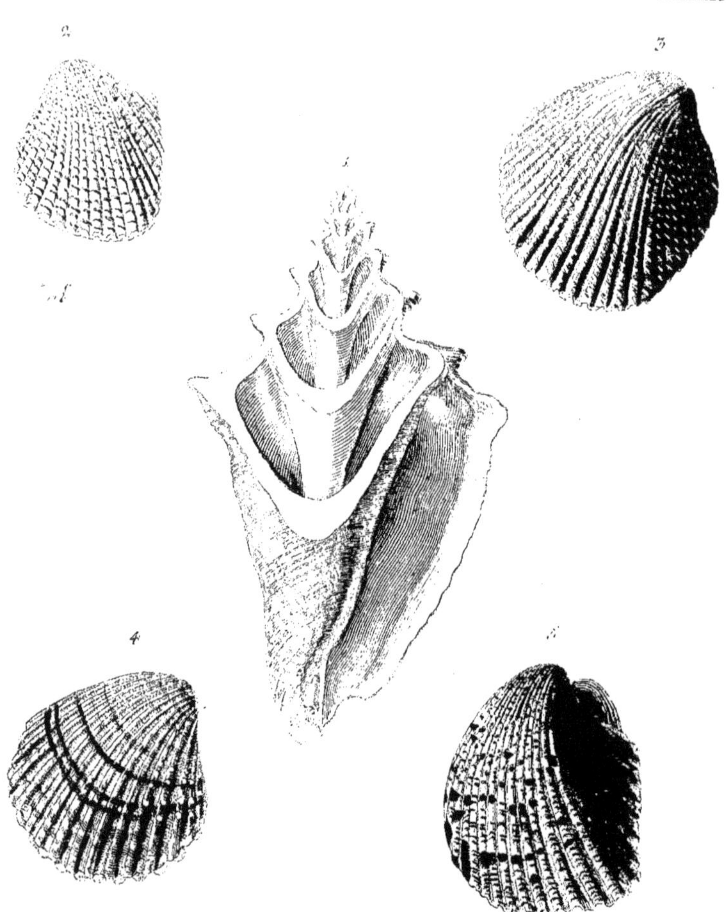

Ex Museo Mülleriano.

J. C. Keller ad nat. pinxit.

G. F. Trautner sculpsit.

gées placées entre deux n'ont que de petits nœuds, ou boſſettes. L'embouchure eſt friſée & bordée de pareils petits nœuds, en guiſe de petites dens. La Couleur eſt jaune, tirant ſur le brun, & les nœuds ſont
blanchâtres, On aperçoit à chaque Contour les reſtes de l'ancienne embouchure, qu'avoit la Coquille avant ſon agrandiſſement, puisqu'on
y voit le bord friſé ſous lequel le Limaçon a continué la Conſtruction de
ſon habitation.

Figure 2. L'on met au rang des *Cames* ou *Moules béantes* les *Coquilles
de Venus.* Nous en avons vû une *veritable à aiguillons* de cette ſorte Part.
I. Pl. IV. fig. 3. & 4. La *Coquille de Venus* dépeinte dans la préſente figure,
qui n'eſt pas des moins rares, & qu'on apelle la *Vieille ridée* apartient à
la même eſpece. Elle a une conformation parfaitement ſemblable à
celle de la *Moule de Venus.* Ce qui l'en diſtingue c'eſt qu'à celle-ci les rides ſont larges, la Coquille épaiſſe, & qu'on n'y trouve point de continuations de rides, ou d'aiguillons. A l'égard du reſte on y remarque des flammes colorées, & que les rides unies ont du brillant.

Figure 3. La préſente *Moule de Venus* commune, ou ordinaire, eſt
à peu près pareille à la précédente. Elle en différe ſeulement en ce
qu'à la place des rides larges qu'on voit à l'autre, il y a ici des anneaux aigus, élevez, très-minces, entre lesquels on remarque, comme
aux autres Cames rayées, une coquille marquée de pluſieurs lignes &
décorée par fois de quelques taches, ou deſſeins d'un bleu un peu ef-
facé.

Figure 4. & *5.* ſont de la Claſſe des *Cames.* On les apelle les *Coquilles à Lettres,* (*) qui ont quelque raport avec les *Moules de* XULAN.
La figure 4. eſt un peu oblongue & la figure 5. plus ronde. Elles ſont
ſouvent marquées de la Lettre *W*, mais quelquefois on n'y voit que
des taches brunes, qui ſont comme un peu effacées. Les Coquilles
ſont un peu plus épaiſſes, que celles dont nous avons déjà donné la deſcription cy-deſſus Part. I. Pl. VI. fig. 4. & ſuſceptibles d'un poliment
incomparable.

(*) en al-
lemand
*Buchſta-
ben-Mu-
ſcheln.*

PLANCHE XXIX.

Figure 1. Nous avons vû ſur la Planche précédente XXVII. fig. 1.
une *Strombe,* ou *Coquille à Aiguille* coupée par le milieu & nous avons donné au lieu cité une deſcription plus détaillée de l'Architecture intérieu-

re

rieure de cette efpece. Ici nous voyons un *Efcargot charnu*, ou *Culotte de Suiffe dentée*, coupée de même par le milieu, afin qu'on en puiffe auffi voir la Conftruction intérieure. Selon ce que nous avons dit fur la précédente, il eft aifé de juger, que ce Limaçon-ci a un pivot au milieu, divifé en differentes parties, de façon que la pointe baffe du pivot fupérieur s'emboëte toûjours fur la téte large du pivot inférieur. La Coquille au dedans eft rougeâtre & très-brillante.

Figure 2. Jusques ici nous n'avons pû, à l'égard des *Coquilles en peigne*, ou *Pectinités* parler presque que de celles dont les rayons font larges, & les coquilles plates, qu'on dénote auffi par le nom de *Manteaux à plufieurs couleurs;* mais on en trouve auffi dont les rayons font étroits, & qui font ventruës. On les apelle ordinairement *Petoncles*, ou *Petoncules.* (a) Ils ont une Coquille plus épaiffe. On en voit quatre fortes fur la préfente Planche. Celle que notre figure dépeint eft la *fraife blanche* (b) La Coquille en eft blanche comme neige, auffi bien que les côtes fur lesquelles on voit s'élever quelques bourgeons rougeâtres, qui indiquent la raifon de la dénomination. A l'un des côtez où les coquilles avancent un peu, il y a une coupûre rectiligne. De l'autre côté les Coquilles fe terminent en arc rond. Elles ont au bord de longues dens avancées & des entaillures, qui s'ajuftent les unes dans les autres avec beaucoup d'exactitude & d'élegance.

Figure 3. eft une Pectinité femblable, mais plus ronde, dont la Coquille, rougeâtre de couleur, & les côtes, font garnies de bourgeons blancs, ce qui la fait apeller la *Fraife rouge.* (c)

Figure 4. Cette Pectinité eft parfaitement à côtez égaux. Les Coquilles en font blanches, également ventruës, marquées d'anneaux bruns en travers, & garnies de côtes affez fortes. Ces côtes dépaffent un peu le bord des coquilles, & s'ajuftent alternativement l'une dans l'autre avec beaucoup de netteté, quand on veut que les coquilles foient jointes.

Figure 5. Voici une Pectinité très-belle à côtes, qui apartient à celles qui font formées en cœur, car elle eft abfolument coupée d'un coté, & a de ce côté là formé en cœur un bord élevé. La Coquille en eft épaiffe, les côtes un peu larges, fortes, & unies. La Couleur eft un peu jaunâtre, & décorée en travers de flammes rouges fur les côtes. Son nom eft *le Cœur de Venus faignant.* (d)

(a) en latin, *Pectunculi.* (b) en allemand die *vveiffe Erdbeere*, en latin *Fragum album.*

(c) en allemand die *rothe Erdbeere*, en latin. *Fragum rubrum.*

(d) en allemand das *blutige Venus-Herz.*

PLAN.

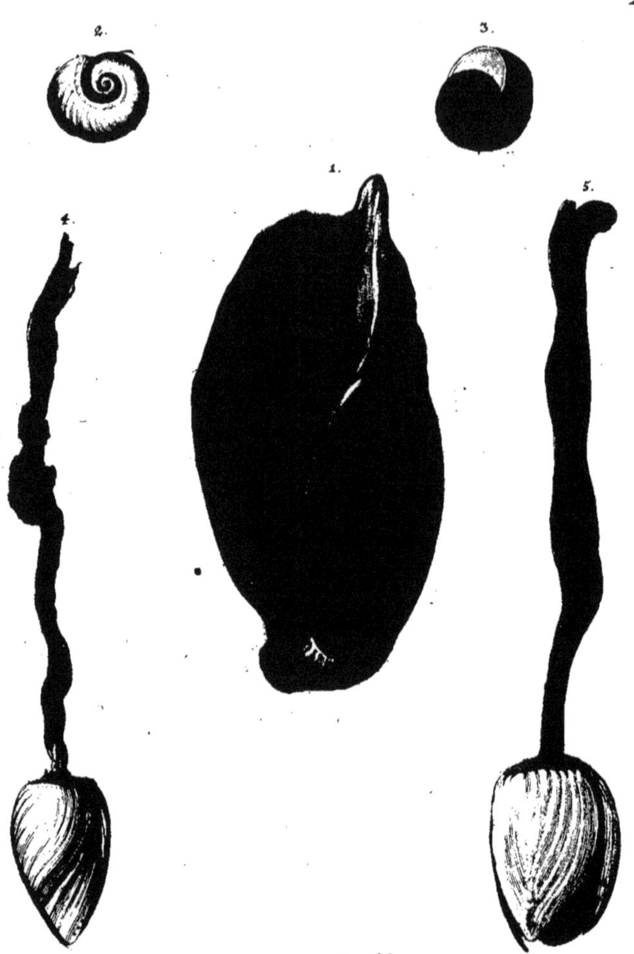

Ex Museo Mülleriano.

PLANCHE XXX.

F_igure 1._ En décrivant dans la préfente Partie II. Pl. IV. fig. 1. une *Couronne d'Ethiopie* (a) nous avons eû occafion de dire quelque chofe des *Coquilles en baquet*, ou *Gandoles*. (b) Nous n'avons qu'à y renvoyer le Lecteur, pour qu'il puiffe fe former aifément une idée de la préfente *Gondole.* Celle-ci eft précifément faite comme l'autre, excepté qu'elle n'a point de couronne ni de bourgeon au milieu. Car elle eft naturelle-ment auffi plate que fi l'on en avoit ôté une partie exprès. On la nom-me par cette raifon le *groin de Cochon.* (c) Sa Coquille n'eft pas autre-ment trop épaiffe, d'un brun tirant fur le jaune en dedans comme en déhors, & parvient à une grandeur confidérable, mais on ne la trou-ve pas fouvent.

(a) en allemand Zitzen-back. (b) en la-tin Cymbium, en allem. Backen-Schnecken. (c) ger-manicé Schvveins-Rüffel.

Figure 2. 3. Ces figures nous repréfentent une efpece de *Limaçons nageans,* qui ont la ftructure des *Huiliers,* ou *Cruches à huile,* que cependant les Auteurs regardent comme une fous-efpece du *Nautile,* & auxquels on donne réellement le nom de *Nautile bleu.* Mais leur véritable nom eft *Carina Holothuriorum,* (d) ou *le Carène des holothures,* (e) parceque l'ha-bitant de cette coquille eft en effet une *holothure,* c'eft à dire un ver-miffeau visqueux, qui fe tient droit & élevée comme une Pyramide, & nage dans fa coquille comme dans une nacelle, de maniere que l'embou-chure de la coquille eft toujours en haut. Ce Vermiffeau, ou ce Li-maçon, comme on voudra, eft, tant qu'il vit, transparent comme un Criftal, & a un brillant bleu qui eft fuperbe à voir. La Coquille en eft très-mince, les Contours d'un bleu blanchâtre, mais en bas à l'em-bouchure on obferve une couleur violette incomparable, dont le luftre eft pareil à celui du velours. L'intérieur de la coquille eft blanc com-me neige.

(d) en hollan-dois Qual-le Bootgen en allem. das Boot der Qual-len. (e) In-fectes de mer de l'efpece des Mo-lufques.

Figure 4. & 5. Nous allons conclure cette partie par une efpe-ce toute particulière de moules, qui font compofées de cinq co-quilles. On donne à cette Moule le nom de *Conque anatifere* (f) qu'il ne faut cependant pas confondre avec une autre Moule bivalve qu'on apel-le de même. Pour diftinguer celle de nôtre figure, on la nomme le *Limaçon à cou long.* (g) Cette dénomination vient de ce qu'on préten-doit jadis, que de cet Infecte fe formoient les Oies d'Ecoffe, tradition auffi fabuleufe que ridicule. Cette Moule eft compofée d'abord de deux coquilles couchées l'une vis-à-vis de l'autre, à laquelle fe joignent deux coquilles en cone, lesquelles font ferrées prés-de l'embouchure par une feule coquille étroite oblongue formée en canal. Ces coquilles
ne

(f) en al-lemand Enten-Mufchel. (g) ger-manice Lang-Hals.

ne font point épaiſſes, leur couleur eſt bleuâtre, & elles peuvent s'ouvrir. Quand cela leur arrive, l'animal produit une barbe plumeuſe, dont
il ſe ſert pour tirer à ſoi ſa nouiriture, & c'eſt à ces plumes-là qu'il
faut attribuer l'origine de la fable des oies. On voit ſortir de la partie ſupe-
rieure du cuir, qui reſſemble aſſez à un pédicule, & c'eſt au moyen de ce
nerf, que cette eſpece de moules s'attache en quantité aux pilotis, &
au fond des vaiſſeaux. On les met au reſte au rang des Moules multi-
valves, dont nous avons déjà décrit une dans cette ſeconde Partie,
Pl. II. fig. 6. ſous le nom de *Tulipe marine,* qui eſt le *Gland de Mer,* en latin *Balanus.*

FIN

de la Seconde Partie.

TABLE SISTEMATIQVE
DES
LIMAÇONS & des MOULES
REPRESENTEZ
DANS LES DEUX
PREMIERES PARTIES

NB. Le Chifre Romain fans étoile marque les Planches gravées de la prémiére Partie, &
le même Chifre accompagné d'une étoile fe raporte aux Planches de la Seconde.

Prémier Ordre. *Les Univalves.*

I. Divifion. *Coquilles en Tour Spiral.*
Cochleae contortae in linea Spirali.

I. *Efpèce principale.* Le Nautile. *Nautilus.*

	Planche.	Fig.
1. Genre. *Les Nautiles proprement ainfi dits.*		
Le Nautile épais	I.	I. 2.
Le petit Nautile	II.	3.
Le Nautile de papier à quille étroite	II.	I.
Le Nautile de papier à quille large		
La Coëffe de Cambrefine	II.	2.
La Nacelle		
Le petit Batelier		

2. Genre.

L'Etoile

Le

Le

Le

Le

II. Divifion du Prémier Ordre. *Univalves non-tournées*

I. Efpèce principale. *Tubulatae.* Coquilles en tuyau. *Solenes univalvii.*

II. Efpèce principale. *Patellae.* Moules en Plat.

1. Genre. Les Oreilles marines.

2. Genre. *Patellae.* Suceurs de Rocher. *Petits Plats.*

Second Ordre. *Les Moules Bivalves.*

I. Efpèce principale. *Chamae.* Les Cames, ou Moules béantes.

1. Genre. Les Cames rudes.

Sabo

II. Eſpèce principale. *Pectines.* Les Peignes.

   1. Genre. Les Manteaux bigarrez.

		Planche.	Fig.	
La Moule de St. Jaques		XIV*.	1.	
grande		XIV.	1.	2.
petite		IV.	2.	
Divers Manteaux bigarrez		XVII*.	1.	
Doublets à raïons		XVII*.	3.	
		VIII.	5.	
		XVIII.	2.	
		XIX.	2.	
		XXII*.	3.	
		XVIII*.	3.	5.
		XIX*.	4.	5.
		XXI*.	1.	2.
		XVII*.	2.	3.
		IV*.	3.	
		V*.	4.	
		X*.	2.	

| La Tabatière de Neptune | | XIX*. | 3. |
| | | XX*. | 1. |

| Le Doublet de la Bouſſole | | XX. | 3. 4. |

| Le Cadran Solaire | | IV. | 1. |
| | | V. | 2. |

| Le Doublet de Corail | | V. | 1. |
| | | XXI*. | 5. |

   2. Genre. *Pectunculi.* Les Pétoncles, ou petits Peignes.

Moule en peigne ordinaire		XXIX*.	4.	
		XX*.	3.	
Doublet aux fraiſes		XXIX*.	2.	3.
Coeur de Venus ſaignant		XXIX*.	5.	

   3. Genre. Arches de Noé.

Arche de Noé véritable		XVI.	1. 2.	
		II*.	7.	
Arche de Noé longue		XXV*.	4.	

b 3

Arche

Le

<table>
<tr><td></td><td></td><td>Planche.</td><td>Fig.</td></tr>
<tr><td>Le Doublet de Rocher }
La Vieille</td><td></td><td>XXI.</td><td>2.</td></tr>
</table>

VI. Efpèce principale. *Pinnae.* **Les Pinnes, ou Jambons.**

	Planche.	Fig.
La longue Moule en Jambon	XXIII*.	1.
La Moule en Jambon noire, dentée, à larges épaules	XXVI*.	1.
La Moule en Jambon, rouge, dentée, à larges épaules	XXVI*.	2.

Troifième Ordre. *Les Multivalves.*

	Planche.	Fig.
La Tulipe marine, ou } Le Balanus	II*.	6.
La Moule en Canard, } Le Long-Cou, ou } La Conque anatifère	XXX*.	4. 5.

Fin de la *Table Siftèmatique.*

POSTFACE.

Lorsqu'on entreprit cet Ouvrage, on s'étoit proposé d'être auffi concis dans les Defcriptions que la matière le permettroit. L'on a omis par cette raifon quantité de noms & d'explications dans la prémière Partie. Mais à peine cette Partie eut · elle vû le jour que plufieurs Amateurs des Curiofitez naturelles, que nous leur préfentons, nous témoignerent que des Defcriptions un peu plus amples feroient plus conformes à leurs Souhaits. Leurs défirs à cet égard furent une Loi pour nous, & nous déterminèrent non feulement à donner des défcriptions plus amples dans la feconde Partie, mais nous tachames auffi de remedier aux défauts de la prémière Partie en quelque façon dans la Traduction françoife, en y faifant inférer divers Paffages, qui peuvent être regardez comme des additions, & qui rendent les Defcriptions plus circonftanciées. Nous avons crû faire encore plaifir à nos Lecteurs en ajoutant aux deux Parties une Table Siftématique de leur contenu. Dans l'Arrangement de cette Table nous avons fuivi à la vérité en général la Méthode de Mr. *Rumpf*, duquel nous avons même emprunté quelques dénominations fynonimes, que nous avons inferées à la Table, quoi qu'elles ne foient pas dans nôtre Texte, en prenant cependant la Liberté de nous écarter quelques fois de cet Auteur, quand nous avons crû qu'un fentiment différent du fien étoit mieux fondé, & qu'un Limaçon ou une Moule rangée par lui dans une Claffe convenoit mieux dans une autre. Le Lecteur nous jugera. Dans le fait il eft très · difficile d'être aprouvé par tous, parceque chacun à fon point de vûë particulier felon lequel il confidère les pièces, en juge, & en détermine les Claffes dans lesquelles il trouve à propos de les ranger. C'eft auffi cette raifon qui nous a empêché d'entrer, dans un détail trop recherché des Sous · efpèces.

Quant à la *Nomenclature*, comme chaque Amateur fe plait à cet égard à donner carrière à fon imagination & invente des noms à fa fantaifie, on fe romproit la tête fort inutilement à déterminer les noms de chaque pièce d'une manière abfoluë. Il a donc falu fe reduire à n'indiquer que les plus conus, & ceux qui font le plus en ufage. Chaque Lecteur verra aifément dans la Table quels font les Limaçons & les Moules qu'on n'a pas fpecifié dans cet Ouvrage, & nous nous ferons un plaifir d'y fupléer par une troifiême Partie, fi le favorable accueil, que nous efpérons pour ces deux prémières, nous y encourage.

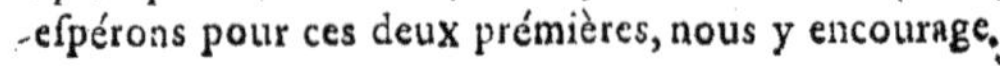